Experiments for Materials Analyses and Testings

莊東漢 著

材料分析與檢測實驗

序　　言

材料科學爲現代科技產業的根本，不論機械、電子、化工、航太、海洋等工程領域的發展，均需仰賴材料作爲其功能應用的載具，材料研發進展亦常成爲各種尖端技術突破的關鍵，因此材料科技在先進工業國家的科技政策中，均被列爲主要發展項目，台灣產業以製造業爲主，材料科技尤其受到重視，在政府過去所明訂十大新興產業中，與材料息息相關的有：高級材料產業（前瞻材料）、半導體產業（矽晶材料製程）、消費性電子產業（金屬與高分子材料）、航太產業（航太材料）、醫療保健產業（醫工材料）、污染防治產業（環保材料）、特用化學及製藥產業（特殊高分子材料）及精密機械與自動化產業（微機電材料製程），近年來政府更鎖定電子、資訊、通訊、生物科技、奈米材料技術等五項高科技產業，作爲帶動台灣經濟發展的領導產業。

材料科學爲一典型的實驗科學，而分析與檢測尤其是材料實驗的基礎，在工程上，要有效的使用材料，必須先瞭解材料的特性，材料分析與檢測可以提供最直接的設計與製造依據，對於產品的品保管制，亦需要藉助於各種材料分析與檢測技術，當材料使用發生破損，推斷其破損機理與肇因，分析與檢測更是不可或缺的工具，即使是一些新材料的研發，亦有賴分析與檢測做爲產品的驗證方法。因此，一個材料工程師的培育，分析與檢測技術訓練是必備的一環。

本書適用於大專院校材料、機械、化工、電機、土木等科系材料實驗教材，實驗項目包括微結構分析所需之金相製備與觀察，機械性質檢測（拉伸、硬度、衝擊試驗）、破損分析斷面觀察、熱分析在相平衡圖製作之應用、電化學方法量測、金屬腐蝕、非破壞性檢測（超音波與渦電流試驗）及軟焊或硬焊接合填料濕潤性量測，教材內容涵蓋實驗目的、實驗原理、實驗方法、實驗設備與材料、問題與討論。

莊東漢　謹識
民國九十五年

目　錄

實驗一：金相製備與光學顯微鏡觀察 1

實驗二：暗房技術 9

實驗三：拉伸實驗 13

實驗四：硬度試驗 21

實驗五：衝擊試驗 33

實驗六：掃描式電子顯微鏡分析 39

實驗七：X光繞射分析 47

實驗八：熱分析 63

實驗九：腐蝕電化學分析 69

實驗十：超音波檢測 79

實驗十一：渦電流檢測實驗 87

實驗十二：濕潤性量測 95

實驗一　金相製備與光學顯微鏡觀察

一、實驗目的

本實驗針對金屬材料的微觀組織觀察，使學生熟悉金相實驗試片的製作方法、光學顯微鏡的原理及操作方法以及鋼鐵材料為例的典型金相組織觀察。

二、實驗原理

金相實驗是利用顯微鏡觀察內部微觀組織的材料分析檢測技術，而金相製備的目的是去除物體表面的不平整、氧化現象、或是其他雜質附著。當試片表面達到光滑平整後，以特定的腐蝕液進行浸蝕，利用各組織對腐蝕程度不同所表現出來的不同特徵，來瞭解材料內部的缺陷及微結構。材料內部的微觀組織或巨觀結構會受到機械加工或熱處理的影響，相同的材料在經過不同的製程或熱處理程序，會呈現不同的微觀組織，其機械性質也會有所差異，藉著微結構的觀察可獲得其與機械性質間的重要關連。

光學顯微鏡可用來觀察微細組織，一般反射式的光學顯微鏡包含了照明系統、物鏡和目鏡三部分。照明系統是用以照亮試片表面，其中含有光源、鏡徑隔板、濾光鏡。鏡徑隔板可控制照明之光束大小，隔板之開口大小依物鏡而改變，開口太大則光束散射角度太大，影像較模糊，開口太小則會減低物鏡鑑別率，影像會黑暗模糊，故調整隔板的大小對影像的品質非常重要。濾光鏡的作用是使單一波長的光束通過，以減少色像差。物鏡的功用是在收集來自試片表面的反射光。物鏡的鏡徑率（Numerical Aperature）是在表示其集中光線的能力，其關係式為：

$$\text{N.A.} = \mu \,\text{Sin}\, \theta$$

其中 μ 是指觀察物質之折射率，θ 是指鏡徑對樣品所張角度的一半。

金相顯微鏡的放大倍率是將物鏡與目鏡的倍率相乘。鑑別率是指物體兩點間可辨識的最小距離，其公式為：

$$\delta = \lambda/2\,\text{N.A.} = \lambda/2\,\mu\,\text{Sin}\,\theta$$

λ：光波波長

μ：物鏡與樣品間介質之折射率

由公式可知，欲減少鑑別率可用波長較短的光源，但由於可見光波長的限制，故一般光學顯微鏡的最佳鑑別率為2000Å。

光學顯微鏡的成像原理：從光源出來的光會先經過聚光鏡，形成光束，再經由半塗銀鏡反射平行於顯微鏡的光軸，然後透過物鏡照射在試片表面，經由散射或反射形成不同的對比，最後由目鏡來成像，顯現出不同的微觀組織。

純物質的鐵稱做純鐵，在工程上較少見到，大部分工程用鐵內部都含有碳元素，為一合金組成，稱作鋼。鋼鐵材料種類一般常以其內部碳的含量來作基本的區分：碳含量在0－0.04％稱作鐵、0.04－2.1％稱作鋼（低碳鋼：0.04－0.25％，中碳鋼：0.25－0.60％，高碳鋼：0.60－2.1％）、2.1－6.7％則稱作鑄鐵。碳含量若太少，則性質較軟，若碳含量太高則太脆，故以鋼之含碳量（0.04-2.1％）較為適中。鋼裡面除了含有碳以外，通常亦含有其他合金元素，如矽、錳、磷、硫等，矽的存在有助於鋼的硬度，錳則是會提升鋼的韌性，磷與硫在鋼中為有害之元素，應儘量避免。

實驗樣品包括五種不同的鋼鐵材料：低碳鋼、中碳鋼、球狀鑄鐵、極軟鋼、球狀鑄鐵，觀察其微觀組織。實驗時發給每一個學生一未知材料，依下列步驟完成金相的製備及光學顯微鏡觀察，最後參考相關文獻分辨出所取得實驗樣品為何種鋼材的微觀組織。

三、實驗設備及材料

本實驗所使用的設備包括：熱鑲埋機（圖1-1）、砂紙研磨平台（圖1-2）、拋光機（圖1-3）、吹風機、黏土、壓平器（圖1-4）、慢速切割機（圖1-5）、砂輪切割機（圖1-6）、光學顯微鏡（圖1-7）、冷鑲埋用之模具及鑲埋劑（圖1-8）

圖1-1　熱鑲埋機

圖1-2　砂紙研磨平台

圖1-3　拋光機

圖1-4　壓平器

圖1-5　慢速切割機

圖1-6　砂輪切割機

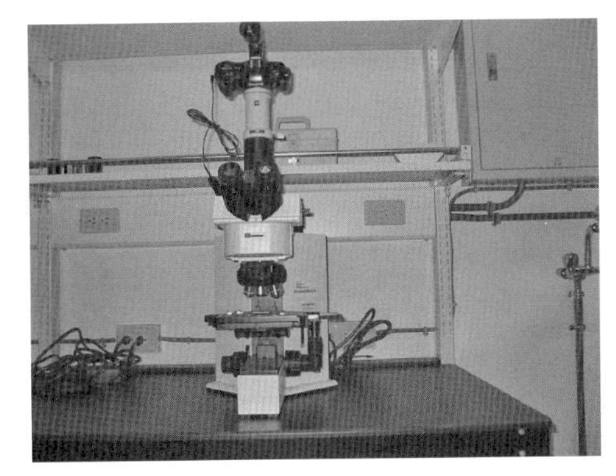

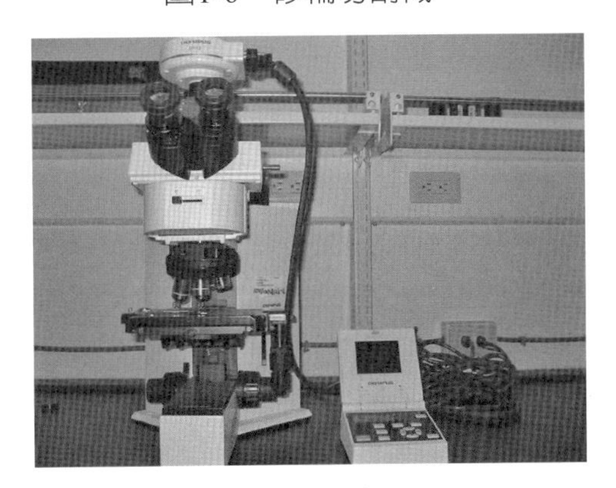

圖1-7　光學顯微鏡（左：連接相機），（右：數位影像處理）

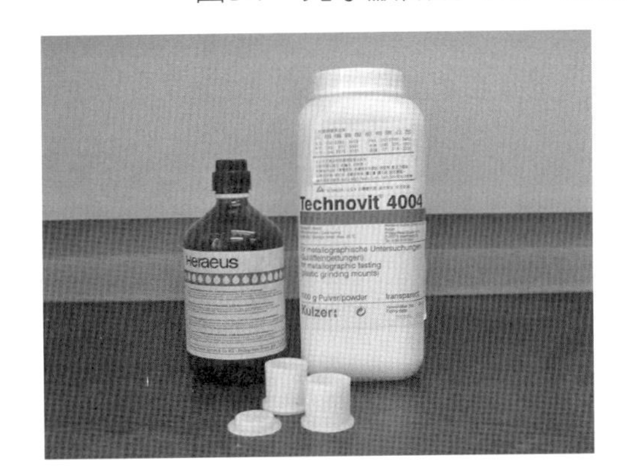

圖1-8　冷鑲埋用之模具及鑲埋劑

四、實驗方法及步驟

㈠取樣

將試片以砂輪切割機或鑽石慢速切割機，將欲觀察的部位切下，切割下來的試片大小需適中。而在切割時切記小心，避免試片受力太大造成變形，或者因溫度太高而產生相變化。

㈡鑲埋

由於有些試片的尺寸、形狀不適於直接研磨拋光，所以必須將這些試片進行鑲埋，便於後續的研磨及拋光。鑲埋的方式主要有熱鑲埋與冷鑲埋二種：

1.**鑲埋**

熱鑲埋首先將試片欲觀察表面向下放置在鑲埋機的載台上，充填電木粉，經由加壓、加溫的作用，使電木粉與試片包埋成一圓柱體，而後將試片冷卻、頂出，得到一堅硬的圓柱體。在使用熱鑲埋法時，需注意到所鑲埋的材料是否適合，例如易脆或者在鑲埋溫度就會相變化甚至熔融的材料均不適合使用熱鑲埋。

冷鑲埋是利用鑲埋粉與硬化劑適當混和後，倒入放置有試片的模具內，待其化學反應硬化後，完成冷鑲埋步驟。

2.**研磨**

鑲埋完的材料接下來進行研磨。研磨所使用的研磨機轉盤上分別鋪有不同號數的碳化矽砂紙，並於研磨時通水，以便研磨及帶走所產生的雜屑。研磨時通常利用拇指、中指及食指將試片握穩，然後以平穩的速度向前推進，回程時試片必須離開砂紙，等到試片上所有刮痕方向保持一致時，方可換至下一號數的砂紙，且此時研磨的方向需轉動90度，等到新刮痕的方向完全取代上一次的刮痕方向時，方可再換到下一號數的砂紙，如此一直重複上述的步驟，直到表面潔淨、平整為止。

一般碳化矽砂紙的粗細是以網目（mesh）來區分，網目數愈大，顆粒愈小，一般分成80、120、240、320、400、600、800、1000、1200、1500、2000網目等，而要使用多少號數的砂紙則需依照材料的種類及表面狀況而定。研磨過的砂紙通常浸泡在清水中，保持濕潤，以備下次使用。

㈢拋光

拋光的目的是去除砂紙研磨過後所留下的刮痕，使得試片表面更加平整、光滑，如同鏡面一般。拋光的動作是在裝有拋光絨布的拋光機上進行。拋光時以手握穩試片，以一定的壓力將試片壓在拋光絨布上旋轉，並同時注入氧化鋁粉或鑽石粉懸浮液，讓氧化鋁粉或鑽石粉的細小顆粒與試片磨耗，藉以拋光試片。

一般金相拋光常用氧化鋁粉懸浮液，其製作方法是將氧化鋁粉加入水中，充分攪拌後注入細嘴的洗滌瓶中，使用前均勻搖晃，即可平均的噴灑在絨布上進行拋光。而氧化鋁的粉末一般有1.0、0.3、0.05 μm，通常先使用1.0 μm的氧化鋁粉拋光，然後再使用0.3及0.05 μm的氧化鋁粉，其中要注意的是，當要換到下一道氧化鋁粉時，必須先以清水將研磨盤徹底洗淨，且同一種顆粒的氧化鋁粉應儘可能使用在同一塊拋光絨布，以免相互污染，而拋光布在使用過後，應該以清水徹底洗淨、陰乾，小心收藏，避免雜質、污染物殘留在拋光布上。

抛光時所施加的壓力、抛光機的轉速、氧化鋁粉抛光液的濃度，均會影響到最後抛光的品質，至於要如何選擇這些條件，則必須依照材料及平時所累積的經驗來決定。

㈣浸蝕

抛光完後的試片平整、光滑，若直接置於顯微鏡下觀察，會呈現一片光亮，無法觀察到材料的顯微組織，所以必須以化學藥品將試片表面浸蝕，由於化學藥劑對於材料各組織的腐蝕速率不同，所以在浸蝕過後，材料各組織對於光線反射不一，所以會有黑白明暗的對比，如此即能夠表現出材料內部的微觀結構。

腐蝕液的選擇需依照所研磨的材料來改變，也就是不同的材料有其不同的腐蝕液。至於浸蝕的方式主要有浸泡法及擦拭法二種，浸泡法係指將試片直接放置在腐蝕液中，待一定時間後拿起、清洗吹乾。擦拭法則是先利用棉花棒沾取腐蝕液，再擦拭在樣品上，待一定時間後，清洗吹乾。

而對於腐蝕的時間，一開始可以用較短的時間進行輕度腐蝕，之後利用顯微鏡來觀察圖像，若腐蝕不夠再慢慢加長時間，若發現過腐蝕的現象，則必須重新研磨、抛光，再行腐蝕。

㈤清洗及吹乾

經過腐蝕後的試片，必須馬上沖洗吹乾，以免藥品繼續腐蝕試片。沖洗如果使用清水或丙酮，在吹乾時容易在試片表面留下污漬痕跡，一般採用酒精較為理想。

㈥光學顯微鏡的觀察

在進行光學顯微鏡觀察時，試片表面必須與光束完全垂直，因此通常先以黏土及壓平器，將位於顯微鏡試片載台上之試片壓平。

觀察時通常是先使用最低倍率的物鏡，將其先升到離試片表面最高處，然後再慢慢下降找尋焦距。等到影像出現時，再利用微調使影像更加清悉，此時可以前後左右移動試片台，找尋所要觀察的區域，若欲更換倍率，切記必須依照倍率由低倍至高倍逐一更換，並在每一倍率下，使用微調來聚焦，千萬不可動用粗調節鈕來聚焦，以免鏡頭碰撞試片造成損毀。

五、參考金相組織

㈠球墨鑄鐵

若在鑄鐵內加入Mg、Ce等元素作為球化劑，同時添加矽鐵作為接種劑，可得到球狀石墨組織，球狀鑄鐵比一般之鑄鐵更具有良好的韌性，顯微鏡結構可看到基地內有許多球狀的石墨組織。

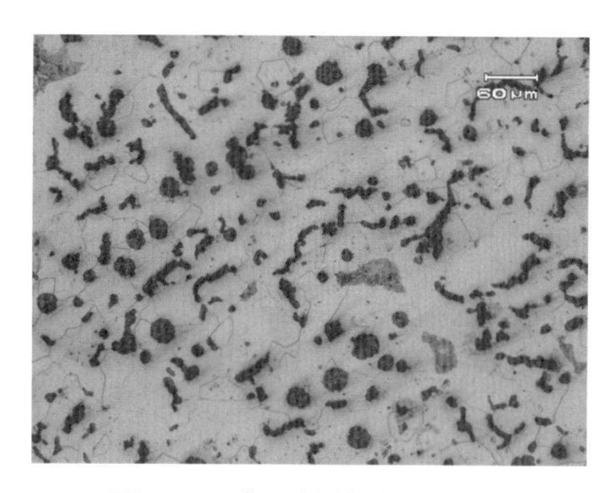

圖1-9　球墨鑄鐵金相組織

㈡低碳鋼

含碳量通常少於0.25％，為各種鋼鐵材料中使用最廣。其鋼材的強化主要是靠冷加工達成。顯微結構包含肥粒鐵及波來鐵。

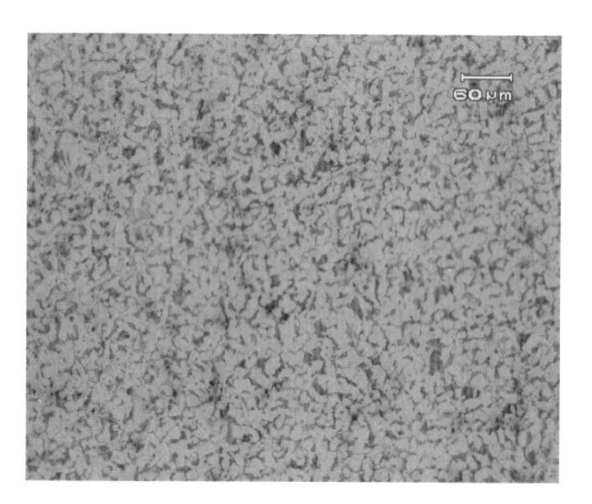

圖1-10　低碳鋼金相組織

㈢中碳鋼

碳含量約在 0.25至0.60wt％間，藉沃斯田鐵化及淬火、回火等熱處理改善其機械性質，其中常以回火狀態來使用，其顯微結構為回火麻田散鐵。鉻、鎳、鉬的添加可改善合金的熱處理能力，同時獲得高強度及優良的延展性。此類鋼材應用包括鐵路車輪、軌道、齒輪及其他切削零件。

圖1-11　中碳鋼金相組織

㈣極軟鋼

含有極微量的碳、矽、錳、磷、硫元素之鋼鐵合金，因為內含合金元素極少，質地很軟，具有極佳的延性。

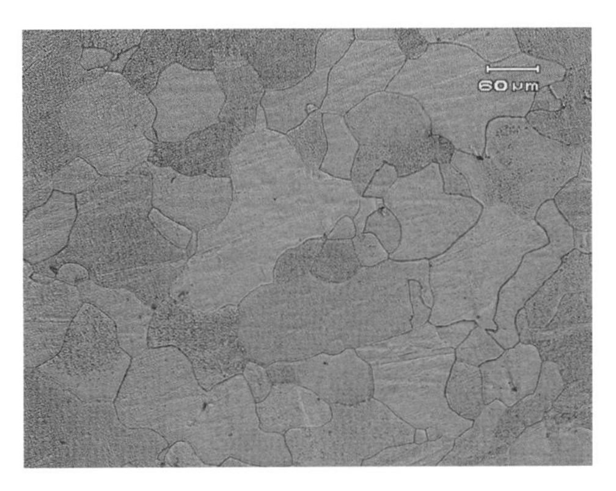

圖1-12　極軟鋼金相組織

㈤灰口鑄鐵

碳與矽的含量分別介於2.5％和4.0％之間以及1.0％和3.0％之間。大部分的灰鑄鐵，其石墨以片狀形式存在，典型灰鑄鐵的顯微組織，其破裂面會出現灰色狀，因而稱之為灰口鑄鐵，其在工業上的用量極大。

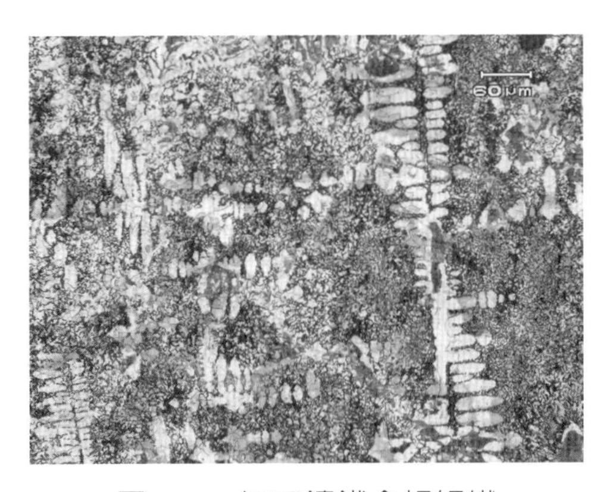

圖1-13　灰口鑄鐵金相組織

六、問題討論

㈠光學顯微鏡隔板開口對觀察的影像有何影響？

㈡低碳鋼、中碳鋼、高碳鋼及鑄鐵的含碳量大約多少？

㈢光學顯微鏡的最高放大倍率與最佳鑑別率分別為多少？

㈣金相觀察的目的為何？

㈤金相製備主要包括那些步驟？

㈥為何金相觀察在研磨拋光後須再作浸蝕？

㈦利用光學顯微鏡與掃描電子顯微鏡觀察金相組織，影像有何不同？

㈧參考鐵碳平衡圖，找出本實驗各種鋼鐵材料內部組織的相區。為何在此鐵碳平衡圖上找不到麻田散鐵相區？

實驗二　暗房技術

一、實驗目的

為了使顯微組織觀察結果得以長久保存或公開發表，可使用照片記錄。本實驗目的在教導學生熟悉金相樣品光學顯微鏡觀察後所拍攝底片與照片沖洗之相關暗房技術。

二、實驗原理

當底片在曝光後，光線在塗有溴化銀的底片表面上形成潛伏影像，此影像無法用肉眼看出，需經過化學藥水的沖洗，將溴化銀還原成黑色的金屬銀，在底片上感光較多的區域則會變成黑色，而感光較少的區域成為透明，如此形成明暗的對比。相紙同樣也含有溴化銀感光層，當放大機光源穿過底片投影到相紙上時，溴化銀產生和底片相同的反應，底片上的透明部分傳導光線在相紙感光形成黑色區域：同樣的，不透明的黑色區域只透過些微的光線，因此在相紙上不感光，相對就成為白色，一幅黑白對比的照片就如此產生。

而暗房技術主要包含了顯影、停影、定影三個步驟，分述如下：

㈠顯影

底片受到光線照射後，溴化銀已有受光部分的潛伏影像產生，但此負影像仍無法由肉眼看見，必須利用化學方式將潛伏影像顯現出來，此為顯影的目的。其反應是將底片中的溴化銀還原成為黑色銀金屬，因此顯影劑也是一種還原劑。

㈡停影

此步驟也稱為急制，即停止顯影的動作。利用弱酸溶液如冰醋酸稀釋液（0.1%）達到酸鹼中和的目的，也可以用大量的清水沖洗替代。其目的有二：

1.將顯影液倒出後，將高鹼環境中和，終止顯影反應。

2.減少顯影液對定影液的污染，確保定影液能完全發揮作用。

㈢定影

定影作用是將未曝光而產生潛像的溴化銀去除，留下有反應的金屬銀粒子（負相）。定影液以硫代硫酸鈉為主，此劑可將溴化銀轉成錯鹽，而溶於水。其反應式如下：

$$Na_2S_2O_3 + 2AgBr \rightarrow Ag_2S_2O_3 + 2NaBr$$

$$Ag_2S_2O_3 + Na_2S_2O_3 \rightarrow Ag_2S_2O_3 \cdot Na_2S_2O_3$$

$$Ag_2S_2O_3 \cdot Na_2S_2O_3 + Na_2S_2O_3 \rightarrow Ag_2S_2O_3 \cdot 2Na_2S_2O_3$$

在第二階段$Ag_2S_2O_3$・$Na_2S_2O_3$為較難溶於水的錯鹽（無色）。但此時底片已呈透明，許多人以為定影已足夠，便完成定影工作。但這以後底片會變質，不易保存。一定要等到第三階段，產生$Ag_2S_2O_3$・$2Na_2S_2O_3$後才會易溶於水，將錯鹽洗盡。

三、實驗設備及材料

㈠藥水：主要有顯影劑、停影劑、定影劑三種。

㈡設備：放大機（圖2-1）、曝光用計時器（圖2-2）、安全燈（紅光）。

㈢工具：沖片罐、計時器、底片與相紙、沖洗盤及夾子。

圖2-1　暗房放大機

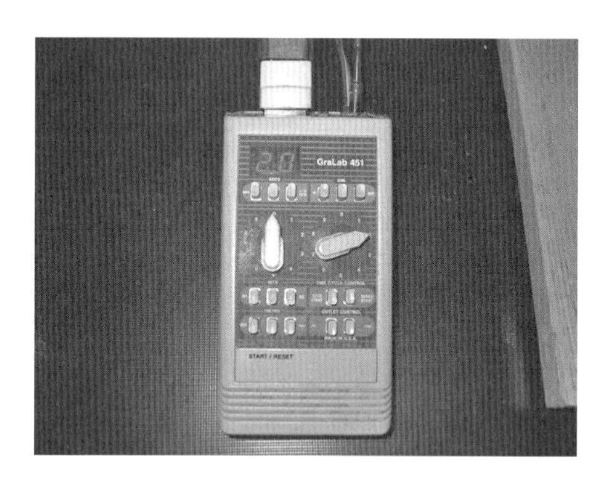

圖2-2　曝光用計時器

市面上所販售的底片有120及135兩種，本實驗採用120底片。

四、實驗方法及步驟

㈠底片的沖洗

1. 捲片：完成曝光後的底片，必須在完全黑暗的房間內處理。處理時將底片和捲片帶互相重疊成圓桶狀，將此放入沖片罐後，蓋上蓋子，此時才可開燈。捲片帶邊緣有浮花的設計，此項設計一來可避免底片相黏，二來保證化學藥品可充分和底片作用。沖片罐的蓋口可使化學藥品流入但可避免光線的進入。
2. 預淋：先將水倒入沖片罐內，搖晃沖片罐使底片表面沒有氣泡。因為底片表面的抗暈劑，所以要以清水去除，此外使乾燥的感光粒子膨脹以利於後續藥水的處理。
3. 顯影：此次實驗採用拋棄式的顯影劑，主要的目的是在確保實驗的穩定。以50：1的比例配置顯影液，將溫度控制在20℃。倒入藥水後每30秒搖晃一次沖片罐，以利氣泡的去除，顯影時間為12分鐘。
4. 停影：倒出顯影劑後倒入停影劑，停影劑一般都是以稀釋的冰醋酸來進行實驗。此步驟是用來終止顯影的動作。

5.定影：定影劑以8：1的比例來配置。定影期間每30秒搖晃一次沖片罐，以利氣泡的去除，定影時間也為12分鐘。

6.水流：主要目的是將殘留在底片上的藥水沖洗乾淨，其間約半小時。也可以使用海波清潔液來縮短水流的時間。

7.曬乾：完成水流的底片以夾子夾在陰暗處乾燥，避免太陽的直射。

沖洗完成的底片，可以由底片邊緣的數字（FilmNO.）作為顯影時間的參考。如果數字未能清晰，表示顯影時間不當。

㈡曝光

1.用面紙將底片上灰塵拭去，因為極小的灰塵也可能會成為難看的斑點。拉出片夾放入底片（藥膜朝下），將片夾插入放大機中

2.打開圖2-1之放大機光源，將鏡頭光圈調到最大，在相紙固定板上放置和相紙大小相同的白紙，利用放大機的轉扭來調整所需的放大倍率及聚焦。

3.依照相紙的不同來選取所需光圈的大小。光圈越小，對比越大，但如果光圈太小則會因繞射相差而使對比變差。

4.將相紙放入薄鐵片格條的紙板，此框格金屬片可以調整大小尺碼，並可以壓住感光紙。

5.關掉放大機光源，打開暗房的安全燈（紅光），取出相紙且藥膜朝上，將圖2-2之計時器開關設定在2秒，利用白紙遮蓋相紙面積遞減的方式作連續曝光。

6.將此曝光完成的相紙洗出，檢視此相紙，用此來挑選最佳的曝光時間及光圈的大小。

㈢相紙沖洗

剛曝光完的相紙和底片一樣看不出任何影像。也是需要經過化學藥品的沖洗才可顯出影像。

1.把經過曝光後的相紙放入顯影盆內，藥膜面向上，並應注意使顯影劑能迅速均勻的蓋過全張紙面。

2.輕搖藥盆使藥水流動更均勻，保持顯影劑的活動力平均，不致發生部分顯影太濃或太淡。

3.顯影手續完成後，將照片浸入清水洗淨，進行停影。

4.最後將相紙放入定影劑中，此時才可將暗房中的照明燈打開。

五、問題討論

㈠顯影的化學反應為何？

㈡說明定影的化學反應？

㈢曝光的光圈大小對影像品質有何影響？

㈣停影的目的為何？

㈤沖洗底片須完全無光線，但沖洗照片及曝光暗房可使用紅色光線（安全燈），為什麼？

實驗三　拉伸實驗

一、實驗目的

本實驗主要目的是量測與比較各種材料拉伸試驗的楊式係數、降伏強度、抗拉強度與伸長率，同時使學生瞭解拉伸試驗機的原理與操作方法。拉伸試驗後之樣品保留後續掃描式電子顯微鏡分析實驗觀察破斷面。

二、實驗原理

試片經拉伸試驗後可依據拉伸負荷與位移之關係得到工程應力—工程應變曲線，如圖3-1所示。

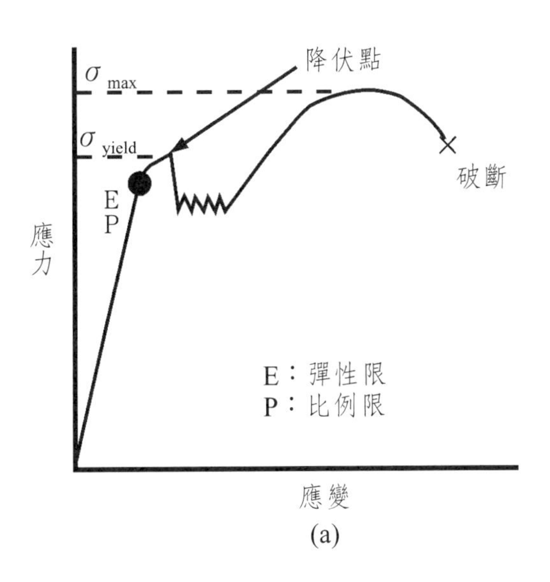

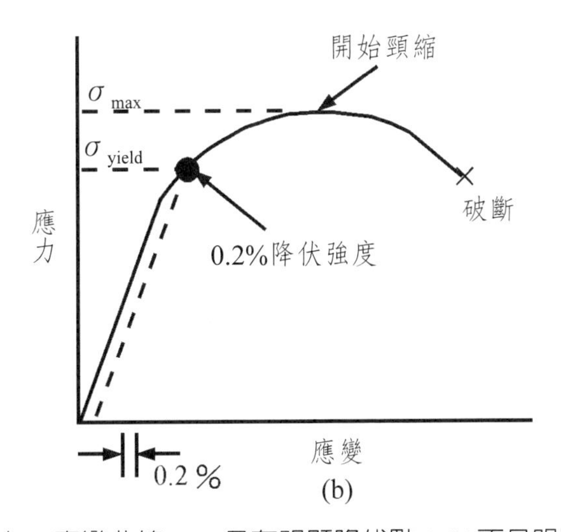

圖3-1　應力—應變曲線：(a)具有明顯降伏點；(b)不具明顯降伏點

由工程應力—應變曲線可獲得一些材料抵抗性質，包括：楊式係數、降伏強度、抗拉強度與伸長率，應力—應變曲線各階段的意義分別說明如下：

㈠比例限與彈性限：如圖3-1中所示，當外加應力不超過P點時，其應力（σ）與應變（ε）成直線比例關係，亦即滿足虎克定律（Hooke's Law）：

$$\sigma = E\varepsilon$$

其斜率稱為比例常數E或楊氏係數（Young's modulus），此P點之應力值，以σp表示，即稱為比例限（Proportional limit）。當外加應力大於比例限後，應力—應變關係不再呈現直線關係，但變形仍屬彈性，亦即當外力釋放後，變形將完全消除，試片恢復原狀。直到外加應力超過E後，試片開始產生塑性變形，此時若將外力釋放，試片不再恢復到原來的形狀。此E點所對應的應力，以σe來表示，即稱為彈性限。一般金屬與陶瓷之比例限與彈性限大致相同。

㈡降伏點與降伏強度：有些材料具有明顯的降伏點，有些材料則不具明顯降伏點，如圖3-1所示。超過彈性限後，如繼續對試片施加荷重，當到達某一值時，應力突然下降，此應力即為降伏強度，可被定義為在材料產生降伏時拉力（P）除以原截面積（A_0）：

$$\sigma_{yield} = \frac{P}{A_0}$$

應力下降之後維持在一定值，但應變仍持續增加，此種明顯降伏現象一般可在中碳鋼的測試中被發現，但大部分金屬（如鋁、銅、高碳鋼）並不具有明顯的降伏現象，如圖3-1(b)所示。此時降伏點之訂定並不容易，最常用的方法是以0.2％或0.002截距降伏強度（Offset yield strength）表示之。此點之訂定即為從應變軸上之0.002位置畫一平行比例線之直線，此直線與應力-應變曲線相交於一點，此點之應力即為0.2％截距降伏強度。

㈢最大抗拉強度與破斷強度：材料經過降伏現象之後，繼續施予應力，此時產生應變硬化（或加工硬化）現象，材料抗拉強度隨外加應力的增加而提升。當到達最高點時該點的應力即為材料之最大抗拉強度（Ultimate tensile strength, UTS），如圖3-1所示。最大抗拉強度（σ_{UTS}）可定義為：

$$\sigma_{UTS} = \frac{P_{max}}{A_0}$$

P_{max}為材料在最大抗拉強度時所受之負荷，A_0為材料之原截面積。對脆性材料而言，最大抗拉強度為重要的機械性質；但對於延性材料而言，最大抗拉強度值並不常用於工業設計上，因為在到達此值之前，材料已經發生很大的塑性變形。

試片經過最大抗拉強度之後，開始由局部變形產生頸縮現象（Necking），之後進一步應變所需之工程應力開始減少，伸長部分也集中於頸縮區。試片繼續受到拉伸應力而伸長，直到產生破斷，此應力即為材料之破斷強度（Breaking strength）。破斷強度（σf）可被定義為破斷時之負荷（P_f）除以原截面積（A_0）：

$$\sigma_f = \frac{P_f}{A_0}$$

㈣延性：試片之延性可以伸長率表示之

$$伸長率 = \left(\frac{L_1 - L_0}{L_0}\right) \times 100\%$$

其中L_0和L_1分別為表示為材料在試驗前原長度及破斷時之長度。除了伸長率可表示材料之延性外，斷面縮率也可表示材料之延性

$$斷面縮率 = \left(\frac{A_0 - A_f}{A_0}\right) \times 100\%$$

其中A_0及A_f分別表示為試驗前及破斷時試片的橫截面積。

通常試桿受力未達最大荷重以前，其伸長普及於全部而均勻變形，達最大荷重以後，則僅在頸縮部分附近作局部伸長，由於斷口恆在頸縮部分之中央，所以拉斷後，斷口兩側伸長量最大，離斷口愈遠者伸長量愈小。因此斷口在標距中央三分之一範圍以外者，頸縮部分延伸至標點以外，其伸長率必然較斷口在標距中央三分之一以內者小，如此結果將不準確，應當捨棄重做，但如果因試桿有限不便重新試驗時，可以下列方法修正伸長率：

1.八等分法

如圖3-2所示，先將試桿標點距離八等分，斷口在C與G之間，則伸長量=試驗後AI－試驗前AI；斷口在A與C之間，但距B較近，距A較遠，則伸長量=試驗後AC＋試驗後2CF-試驗前AI；斷口在A與AB之中點間，則伸長量=試驗後2AE－試驗前AI。

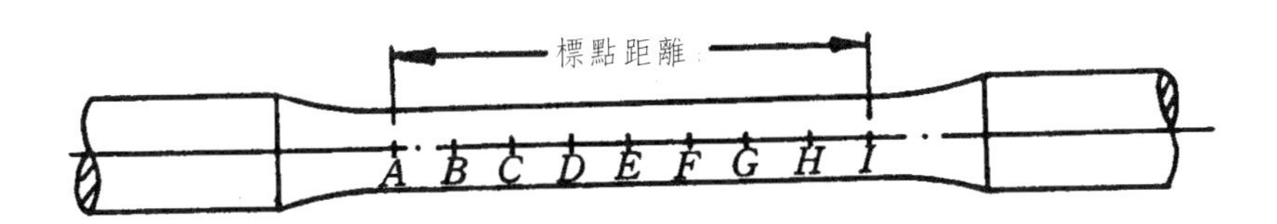

圖3-2　八等分法求伸長量近似值

2.十等分法

如圖3-3所示，先將試桿標點距離十等分，假定斷口在第二格之處，斷口接緊後以破斷處第二格為中心，向右取兩格使與破斷處左方格數相同，剩下的六格分為兩部分，假定第一格至第四格的距離為L_1，第四格至第七格的距離為L_2，第七格至第十格的距離

為L_3，則：

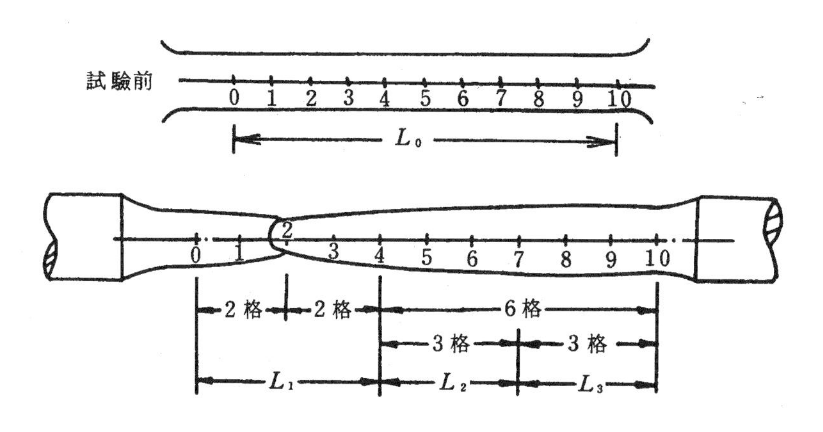

圖3-3 十等分法求伸長量近似值

㈤真應力與真應變

工程應力是拉伸試片所受之外力F除以它的原截面積A_0，然而在試驗過程，試片的截面積是隨外力呈連續變化的。在試驗過程中，當試片發生頸縮後，工程應力隨應變的增加而下降，使工程應力—應變曲線上出現最大工程應力。然而相對於工程應力—應變曲線會產生彎曲，在真應變—應力曲線中是以瞬時截面積來計算，所以其圖形是呈直線上升，如圖3-4所示。因此，當試驗中頸縮現象發生，真應力值就大於工程應力值。真應力（σ_t）及真應變（ε_t）之定義如下：

$$\text{真應力}\ \sigma_t = \frac{F}{A_i} \qquad A_i\text{：試片的瞬時截面積}$$

$$\text{真應變}\ \varepsilon_t = \int_0^{l_i} = \ln\frac{l_i}{l_0}$$

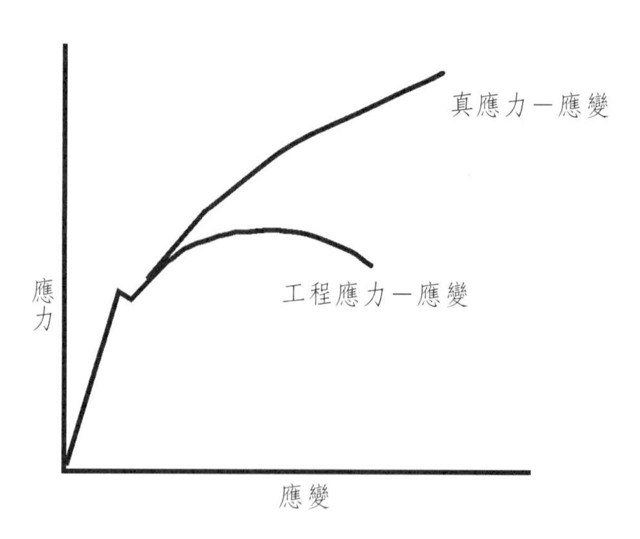

圖3-4 應力—真應變與工程應力—應變曲線之比較

三、實驗設備及材料

實驗設備主要為油壓式萬能試驗機（圖3-5），另外附屬設備包括墊片、V型及平面型夾塊（圖3-6）、游標尺與標點分割器（圖3-7）。實驗材料針對低碳鋼、灰鑄鐵、鋁合金與銅合金。

圖3-5 萬能試驗機

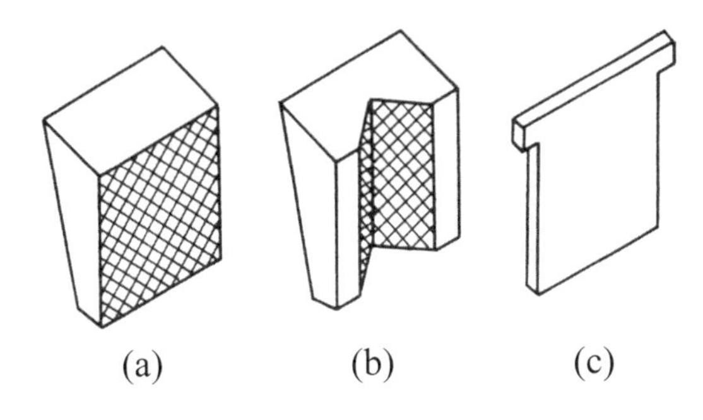

圖3-6 (a)面型夾塊；(b)V型夾塊；(c)墊片

圖3-7 標點分割機

四、實驗方法及步驟

㈠一般圓形試桿是使用V型夾塊而長方形試片是採用面型夾塊，如圖3-6所示。本實驗是採用圓形試片，因此將V型夾塊與墊片置入試驗機中，作為拉伸試驗之夾具。

㈡使用游標尺量取試片標距長（L）、平行部直徑(d)。每根均需量取三點而後取平均值。

㈢將試桿以標點分割機先行十等分，以利於做伸長率計算之修正。

㈣將試片裝入試驗機上。試片一定要保持鉛直狀態，若有偏離的情形，則斷面會因應力分佈不均而彎曲，此會影響試驗結果。

㈤施加荷重直到試片斷裂，將數據及應力—應變曲線圖列印出。

㈥將試片取下，把破斷的試片併攏後量取標距長度與破斷面積。

五、實驗結果記錄

組別						
試件號碼						
材料種類						
處理狀況或條件						
直徑	試驗前D_0（mm）					
	試驗後D_f（mm）					
破斷面積	試驗前A_0（mm^2）					
	試驗後A_f（mm^2）					
標點距離	試驗前L_0（mm）					
	試驗後L_f（mm）					
降伏點	荷重P_y（kg）					
	抗拉強度=$\frac{P_y}{A_0}$（MPa）					
最大荷重	荷重P_{max}（kg）					
	抗拉強度$\frac{P_{max}}{A_0}$（MPa）					

破斷點	荷重P_f（kg）					
	破斷強度 $\frac{P_f}{A_0}$（MPa）					
伸長量	（L_f-L_0）（mm）					
伸長率	（L_f-L_0）/L_0（%）					
斷面縮率	（A_0-A_f）/A_0（%）					
斷口位置						
斷口特徵						
備　註						

六、問題討論

㈠畫出應力—應變曲線，指出彈性限或比例限、0.2％降伏強度、最大拉伸應力及破斷強度。

㈡拉伸速度增快時，對材料之降伏點及抗拉強度有何影響？

㈢對各試片之斷面仔細觀察、描繪，並加以討論。

㈣由試桿斷口的狀況可否判斷材料的延性與脆性？

㈤比較所試驗材料之應力—應變曲線。

㈥那些因素會使材料傾向於脆性破壞？

㈦延性與脆性材料的拉伸曲線有何不同？

㈧拉伸試驗時，試桿的縮頸如何形成？

實驗四　硬度試驗

一、實驗目的

本實驗目的在於利用勃氏、洛氏與維氏硬度試驗機量測與比較數種金屬材料的硬度，同時使學生瞭解各種硬度試驗機的原理與操作方法。

二、實驗原理

硬度試驗是材料機械性質檢測中極常用且最簡易與方便的方法，然而也可能是定義最不明確的一種檢測技術。一般而言，硬度意味著材料對於塑性變形的抵抗能力，但仍有許多其它的定義，下列為依據數種不同硬度試驗所得到的硬度定義。

㈠受靜力或動力作用時產生殘留變形之永久壓痕抵抗者，謂之壓痕硬度例如：勃氏、洛氏、維氏等型式之硬度試驗。

㈡對於衝擊荷重之能量吸收之程度者謂之反跳硬度，例如：蕭氏硬度試驗。

㈢對於刮（劃）痕之抵抗謂之刮痕硬度，例如：莫氏、麻田劃痕及銼磨試驗等。

㈣對於磨損之抵抗謂之磨耗硬度，例如：磨耗試驗等。

㈤對於切削或鑽削之抵抗謂之切削硬度或切削性，例如：切削硬度試驗等。

硬度試驗在材料檢測上應用極廣，包括：

1.同類材料可依硬度值之不同而分類試驗，並指定某種硬度之材料可供某項用途。但須注意者為硬度不能像抗拉強度可以直接應用於設計上。

2.因屬於非破壞性試驗，故常用於材料及產品之品質管制，包括金屬之材質是否均勻、熱處理及表面硬化與常溫加工等是否適當等。

3.訂定硬度與抗拉強度之關係，因為簡單之硬度試驗常可概略測知材料之抗拉強度（如圖4-1）。

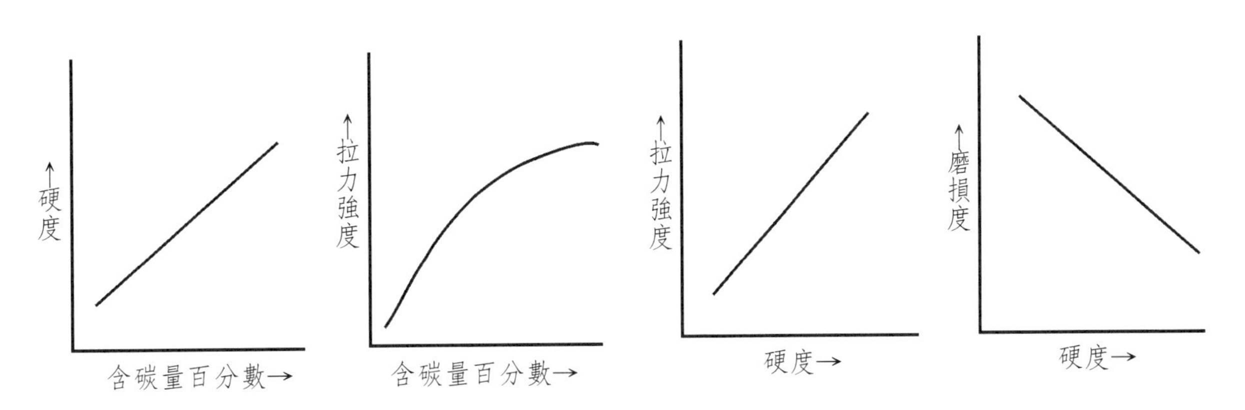

圖4-1　鋼料抗拉強度與硬度之一般關係

一般硬度試驗皆可由表4-1方式加以分類。

表4-1　各種硬度試驗之分類

試驗工具或作用物質	荷重作用線之方向	荷重一定，壓痕或磨損量可變動		壓痕或磨損量一定荷重可變量	
		靜力	動力	靜力	動力
二個試體，一者壓於他者	直交於試體表面	Beaumur（1992）			
用較試體更硬之材料作為工具	直交於試體表面	Brinell（1900） Rockwell（1920） Vickers（1925） Knoop（Tukon）（1939）	Shore scleroscope（1906） Ballentine Cloudburst Schmidt 各種磨損試驗（如吹沙）	Monotron 木材硬度試驗	
	平行於試驗體表面	Marten Scleroscope（1989） Bierbaum Scleroscope Herbert擺（1923） 切削性試驗（切削、鑽孔等）各種磨損試驗（如Dorry等）		Allcut及Turner Scleroscope（1887）各種定性用劃痕硬度試驗－Mohs（1822）	

三、勃氏硬度試驗（Brinell Hardness Test）

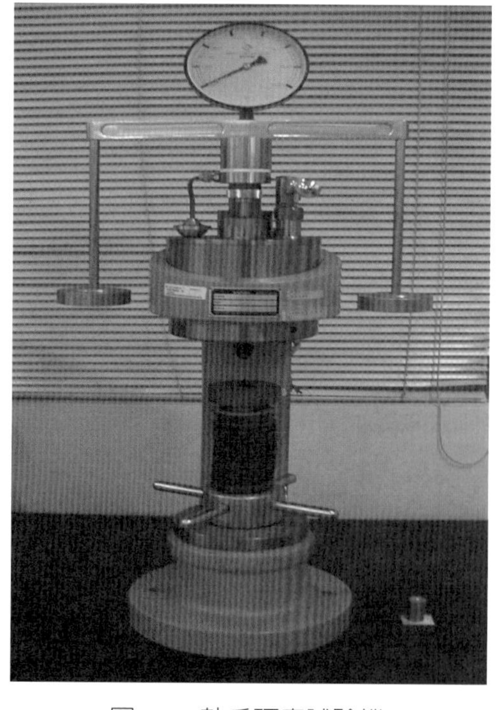

圖4-2　勃氏硬度試驗機

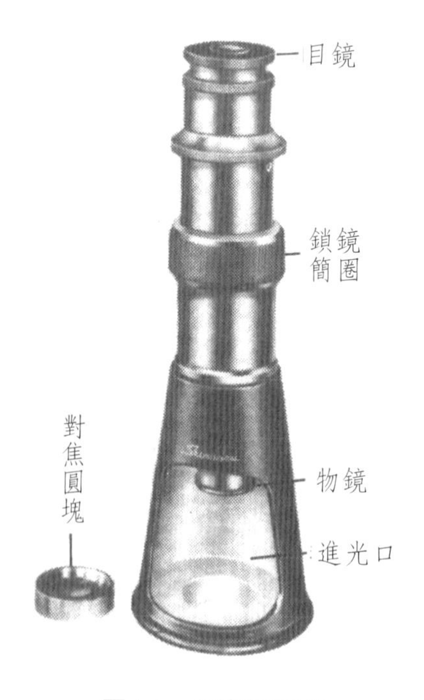

圖4-3　測微顯微鏡

勃氏硬度試驗機如圖4-2所示，其原理乃藉一標準硬質鋼球（通常其硬度值為BHN450），用一定荷重壓入試片表面，使試片形成球面之壓痕，產生塑性變形，此時所加之荷重P除以球面壓痕之表面積，所得結果謂之勃氏硬度值，一般用HB或BHN表示之。各種材料因軟硬不同，使用的荷重P及鋼球直徑D之關係可由表4-2查知，施壓時間以能產生充分塑性變形為原則，一般對鋼鐵等較硬材料施壓15~30秒，對銅鋁等較軟金屬則施壓60秒。壓力除去後，取出試片，用圖4-3之測微顯微鏡量取試片凹痕直徑，讀至0.05 mm，則勃氏硬度值HB可推導如下：

$$H_B=\frac{P}{A}=\frac{2P}{\pi D(D-\sqrt{D^2-d^2})}$$

$$\text{因}H_B=\frac{P}{A}=\frac{P}{\pi Dt}$$

$$\text{而}t=\frac{D-\sqrt{D^2-d^2}}{2}$$

$$\text{故}H_B=\frac{P}{A}=\frac{2P}{\pi D(D-\sqrt{D^2-d^2})}$$

若以深度計量取凹痕深度 t ，則$H_B=\frac{P}{A}=\frac{P}{\pi Dt}$

但因表面凹痕邊緣常隆起或陷下，故不準確，大都採用

$$H_B=\frac{P}{A}=\frac{2P}{\pi D(D-\sqrt{D^2-d^2})}$$

式中，BHN（H_B）：勃氏硬度（Kg/mm^2）但常不附單位。

P=負荷（kgf）其範圍有500、1000、2000、3000 kgf。

D=鋼球直徑（mm），通常有用10 mm、5 mm公差應在±0.005以內。

d=壓痕平均直徑（mm），目視公差須在0.02 mm內。

t=壓痕深度，通常不直接量度。

本實驗針對低碳鋼、灰鑄鐵、鋁合金及銅合金量測並比較其勃氏硬度，量測方法及步驟如下：

1. 準備試片，表面挫平以砂紙磨光並去油質。

2.對試樣之性質作精確之荷重選定（如表4-2），將試片平整置於試座上，擺置之位置應適宜（如前所述）使不受鄰近壓痕之影響。

3.用手輪將試座升至與鋼球接觸為止，關閉釋壓閥，利用加壓桿，徐緩的將壓力升高至預定數值，砝碼不得升高超過1/2吋以上。壓力維持30~60秒後，慢慢打開釋壓閥使荷重降為零。

4.轉動手輪將試座降下，取出試片。

表4-2　各種材料試驗荷重P及鋼球直徑D之關係

試驗材料	負荷	鋼球直徑及試驗荷重					適於測定之硬度範圍BHN（H_B）
	P（Kg）	10	5	2.5	1.25	1	
鋼鐵及鑄鐵	30×D	3000	750	188	46.9	30.0	160-500
銅及其合金	10×D	1000	250	62.5	15.6	10.0	50-315
鋁及其合金	5×D	500	125	31.5	7.8	5.0	25-150
軸承等金屬	2.5×D	250	62.5	15.6	3.9	2.5	12-80
鉛錫等金屬	1.25×D	125	31.2	7.8	2.0	1.2	6-40
極軟之金屬	0.5×D	50	12.5	3.1	0.8	0.5	3-20

5.每一試片至少須作五次試驗，利用測微顯微鏡取凹痕直徑求取平均值，顯微鏡標尺每一刻度為0.05 mm，並應以直交方向重複量取求平均值，查勃氏硬度表得硬度值。

6.測微顯微鏡使用法

①調節目鏡使刻度清晰。

②將測微顯微鏡測試孔對準凹痕，鬆開鎖鏡筒圈，升降鏡筒使凹痕清晰為止。

③鎖緊鎖鏡筒圈讀取刻度。

注意：進光缺口須朝向光線之來源。

勃氏硬度試驗結果記錄：

<table>
<tr><td colspan="2">試件編號</td><td colspan="3"></td><td colspan="3"></td><td colspan="3"></td></tr>
<tr><td colspan="2">材料種類</td><td colspan="3"></td><td colspan="3"></td><td colspan="3"></td></tr>
<tr><td colspan="2">試驗荷重（kg）</td><td colspan="3"></td><td colspan="3"></td><td colspan="3"></td></tr>
<tr><td colspan="2">鋼球直徑（mm）</td><td colspan="3"></td><td colspan="3"></td><td colspan="3"></td></tr>
<tr><td rowspan="4">測試結果</td><td rowspan="2">平均直徑讀數（mm）</td><td>1</td><td>2</td><td>3</td><td>1</td><td>2</td><td>3</td><td>1</td><td>2</td><td>3</td></tr>
<tr><td></td><td></td><td></td><td></td><td></td><td></td><td></td><td></td><td></td></tr>
<tr><td>硬度值（H_B）</td><td></td><td></td><td></td><td></td><td></td><td></td><td></td><td></td><td></td></tr>
<tr><td>平均硬度值</td><td colspan="3"></td><td colspan="3"></td><td colspan="3"></td></tr>
<tr><td colspan="2">備　註</td><td colspan="3"></td><td colspan="3"></td><td colspan="3"></td></tr>
</table>

量測勃氏硬度試驗應注意下列事項：

1.勿用手指摸觸鋼球，以防生鏽。

2.沒有試片頂著鋼球，或試料太軟而負載過量，不可加壓試驗，否則壓塞（Ram Piston）下移越出界限，藉安全閥之作用，油料漏出，如果油料不足，將引起抽噎現象，再也打不起壓力來。

3.如壓力桿搖動發生抽噎聲響，壓力不升時，由於油料不足，空氣滲入所致，此時可將試壓閥鬆開取出，添加新鮮乾淨之液壓油，然後關閉，墊上試片，加壓試驗，於錘架未上浮狀況下使壓力達到2900 kg之負載。此時急速鬆開釋壓閥，油內空氣將隨同油料逸出，如此操作兩次以上，即可排出油內空氣。

4.各種材料施壓荷重及鋼球大小選擇應適當。

5.此試驗不能測試硬度超過鋼球之材料，以免引起鋼球變形。補救方法為換用碳化鎢鋼球壓痕器。

6.本試驗不適用於極薄和極窄之試片或壓痕深度大於表層厚度。

7.施壓速率不應太快，以免影響準確度。

四、洛氏硬度試驗（Rockwell Hardness Test）

圖4-4　Rockwell硬度試驗機

洛氏硬度試驗機（圖4-4）乃利用槓桿原理，將硬鋼球或金鋼石圓錐壓痕器，用一定的荷重壓入材料表面，使試片產生壓痕，而由壓痕深度大小經過換算來代表材料的洛氏硬度值。依材料軟硬不同，所使用的壓痕器、荷重及儀表數字顏色亦不同，其適用範圍如表4-3所示。

表4-3 Rockwell之尺度選用表

尺度記號	壓痕器	大荷重（Kg）	刻度	用途
B	1/16″ 鋼球	100	紅	銅合金，鋁合金，軟鋼，可鍛鑄鐵等。
C	金鋼石圓錐	150	黑	硬鋼，高硬化鋼，表面硬化鑄鐵，Ti，波來狀之可鍛鑄鐵或其他大於H_RB100之材料。
A	〃	60	黑	超硬合金（如Cemented carbides），及剃刀片等硬薄片。淺硬化鋼。
D	〃	100	黑	薄金屬片，表面硬化鋼，中硬化
E	1/8″ 鋼球	100	紅	鋼鑄鐵，Al-Mg合金。軸承材料。
F	1/16″ 鋼球	60	紅	退火銅合金，軟的薄金屬片，軸承合金。
G	1/16″ 鋼球	150	紅	可鍛鑄鐵，Ni-Cu-Zn合金（不可超過G92否則鋼球會被壓扁）
H	1/8″ 鋼球	60		Al, Zn, Pb,粉末冶金製品。
K	〃	150	紅	
L	1/4″ 鋼球	60	紅	
M	〃	100	紅	軸承材料及其他極軟或薄材料。
P	〃	150	紅	（如樹脂製品等）
R	1/2″ 鋼球	60	紅	
S	〃	100	紅	
V	〃	150	紅	

對淬火鋼及較硬質之材料所使用的壓痕器是頂角120°，尖端0.2 mm的金鋼石圓錐體，所施加荷重為150 kg。所得的硬度值由儀表上的黑字讀出稱為洛氏C尺度，以HRC表示之。對退火鋼及其他軟質材料所使用的壓痕器是直徑1/16吋的鋼球，所施加荷重為100 kg。所得的硬度值由儀表上的紅字讀出稱為洛氏B尺度，以H_RB表示之。當測定硬度時都要先加小荷重10 kg，以加此小荷重時的壓入深度做基準，其次再加大荷重140 kg，或90 kg，故大小荷重之和成為150 kg，或100 kg之重量。把壓痕器壓入試片表面，然後除去大荷重只留下小荷重，而以加大荷重時所發生的永久變形部份之深度來比較其硬度大小。加小荷重的目的，乃在消除試片表面不平或雜質等影響。

材料愈硬，壓痕的深度愈小，深度小表示對變形的抵抗力愈大，硬度亦高，通常可由刻度盤直接讀出，其方法如下：

刻度盤上有100等分，每等分相當於0.002 mm壓痕深度，故壓痕深度h在刻度上是相當於$h/0.002=500\times h$（H_RE至H_RV計算式與H_RB相同）。而H_RC所採用的基準刻度為100，所以$H_RC=500\times h$（H_RA和H_RD計算式與HRC相同）。

本實驗針對低碳鋼、灰鑄鐵、鋁合金及銅合金量測並比較其洛氏硬度，量測方法及步驟如下：

洛氏硬度，量測方法及步驟如下：

1.試驗機之準備

(1)選擇適當的鉆座在機台並清潔之。

(2)依照材料狀況選擇並設定適當之壓痕器及荷重。

2.試片之準備：表面須平坦，測定面與底面要平行，並避免產生間隙，且表面不能有灰塵、污垢、油脂及刮傷等。

3.基本荷重之歸零操作

(1)轉動升降手輪使鉆座緩慢上升，試片或標準塊與壓痕器接觸，刻度盤內之短指針轉至紅點中央，同時長指針亦隨著旋轉至垂直指向的上端，C尺度在C0，B尺度在B30（其偏轉容許誤差為±5格）。

(2)再將轉動刻度盤使"Set"刻劃與長指針對正，此時試件已受到小荷重10 kg之壓力，這樣才是完成歸零校正。

4.在Set之後10秒內，按下加力鈕，則大荷重（60，100或150 kg）會慢慢地作用在試片上，此時長指針反時針方向旋轉，順時針方向讀取刻度盤之紅（或黑）刻度之讀數，即得硬度值。

5.重複上述步驟，測試五點求取平均值。

6.試驗完畢，取下試片，並將儀器清潔保養之。

洛氏硬度試驗結果記錄：

試件編號										
材料種類										
試驗荷重（kg）										
使用壓痕器及洛尺度標										
測試結果	硬度點讀數（mm）	1	2	3	1	2	3	1	2	3
	硬度值（H_R）									
	平均硬度值									
備　註										

量測洛氏硬度試驗應注意下列事項：

1.壓痕器調換後須施行預備試驗二次，加以試驗機之最大荷重，而後使用之。

2.試驗硬度高之不明材料時，應依A、D、C等尺度之順序測試之，以免損壞金鋼石圓錐。

3.同一點不可作二次以上試驗，極硬材料亦不宜試驗。

4.不論試片之厚度如何，均不可將試片重疊試驗，否則其硬度會有誤差。

5.試件只能單面測試，不可同時測試兩面以造成不準。

6.各壓痕中心距離須大於4倍壓痕直徑，以免因太靠近產生應變而使硬度值偏高。壓痕中心距試件邊緣亦須在壓痕直徑2倍以上，否則硬度值會偏低。

7.試件之背面若稍有污垢或油脂，會影響凹部深度之測定，故須注意試片及鉆座之清潔。

8.各部操作宜緩慢進行，避免振動及衝擊，影響精確度及造成壓痕器受損。

五、維氏微硬度試驗

維氏微硬度試驗機（圖4-5）是利用一壓痕器在一預先設定的荷重及速度下緩慢、等速且平滑的接觸試件表面。衝擊誤差在荷重小時較為顯著，故選擇速度一般為500克時10秒、25克時20秒、5克時30秒。壓痕器使用Vickers型之金鋼石正方錐。顯微放大裝置包括：目鏡為10倍，物鏡有10倍、20倍、40倍三種，即放大率有100、200、400等三種。荷重範圍包括：10 gm、20 gm、30 gm、50 gm、100 gm、200 gm、300 gm、500 gm、1000 gm等。

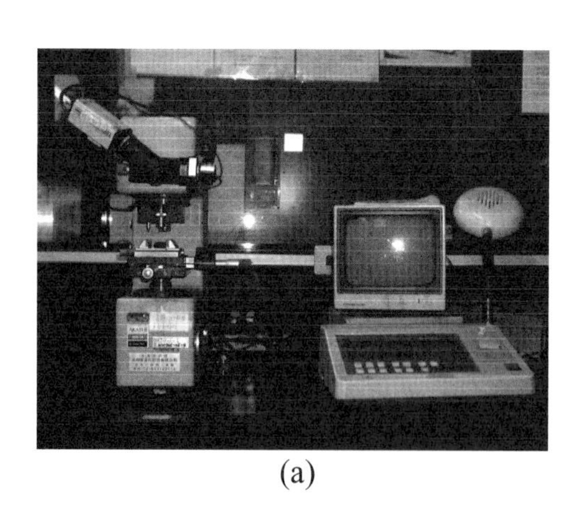

(a)

(b)

圖4-5 微小硬度試驗機(a)電動式；(b)機械式

維氏微硬度試驗機之特徵是利用量測顯微鏡直接量取凹痕對角線長度、可測至0.001 mm，準確又方便。壓痕器使用相對夾角為136±0.5°之金鋼石正方錐，荷重為10公克至1000公克，可自由選用，因材料之厚薄軟硬而選定所須之荷重，材料受壓後，造成永久變形，量取對角線長度，求取硬度值。

Vickers硬度值HV=P/A=1.8544P/d^2（kg/mm^2）
P=荷重（kg）
A=壓痕表面積（mm^2）
d=凹痕之平均對角線長度（mm）

通常試片厚度應10倍於壓痕深度以上，壓痕深度=0.143d，試片厚度應為1.43d~1.5d以上，否則誤差大。各凹痕中心之相互距離應大於4d，凹痕中心離試片邊線距離須大於2d。使用單位一般使用gram（公克）較方便，故上式寫成

HV=P/A=1.8544×1000=1854.4P/d（g/mm^2）。

維氏微硬度試驗有極高的精度，可量測薄板及電鍍層之硬度，對於金屬組織中之樹枝狀晶及細長組織硬度之測定均極為便利。荷重機完全自動化，荷重負荷／保持／解除之一連串動作自動操作。與過去由人工操作比較，較不會有人為之誤差發生。其機構採用獨特之油壓閥門與彈簧之組合方式，不使用馬達，在試驗中，一切振動均不發生。荷重保持時間，用計時器控制，可任意設定之。金鋼鑽壓痕器與計測顯微鏡之更換係用轉塔式把手，當負荷終了後只須輕輕回轉90°，顯微鏡即可對準壓痕而觀測之。

本實驗針對低碳鋼、灰鑄鐵、鋁合金及銅合金量測並比較其維氏微小硬度，量測方法及步驟如下：

1.試驗前之準備

(1)裝置試驗機之場所要選擇無振動灰塵之鋼筋水泥台，或堅固木製台，可能的話使用專用之防震台。

(2)試驗機裝在測定台上要裝置三個水平調整用腳及水準器，符合正確水平。

(3)最後接上電源，檢查綠色指示燈之有效通電。並裝上計測顯微鏡，準備才算齊全。

2.試驗開始時應調整顯微鏡之光度，設定荷重保持時間，對視野內之二條讀取線，調整目鏡使能清楚看見。

3.將試件裝上微動載物台，旋轉試件上下用之把手使載物台上升與試驗面之焦點相合。此時對物鏡應注意不可損傷。決定焦點相合狀態之測定點時，再用把手將轉塔盤迴轉90°，

轉至壓痕器。此時壓痕器尖端與試件面之間隔僅0.3～0.4 mm。

4.推動荷重桿加上負荷，於負荷開始後，綠色指示燈即行熄滅，赤色指示燈燃亮。此時荷重即按設定時間作用。

5.經過荷重保持時間後，壓痕器即靜靜地自試件面離開而上升，再恢復原來位置，此時赤色指示燈改變為綠色。

6.確認指示燈已變為綠色後，再轉動轉塔盤交換至對物鏡位置，因此在顯微鏡中可見到壓痕之大小。

7.此壓痕對角線之長度，可用計測顯微鏡讀出。讀出單位為0.1 μ，由硬度數值算出或查表求出維氏硬度。觀察對角線之長度採直交二次視測，取二者之平均值為其硬度值。

維氏微硬度試驗結果記錄：

<table>
<tr><td colspan="2">試件編號</td><td colspan="3"></td><td colspan="3"></td><td colspan="3"></td></tr>
<tr><td colspan="2">材料種類</td><td colspan="3"></td><td colspan="3"></td><td colspan="3"></td></tr>
<tr><td colspan="2">試驗荷重（gm）</td><td colspan="3"></td><td colspan="3"></td><td colspan="3"></td></tr>
<tr><td colspan="2">使用壓痕器及顯微物鏡倍率</td><td colspan="3"></td><td colspan="3"></td><td colspan="3"></td></tr>
<tr><td rowspan="4">測試結果</td><td rowspan="2">平均對角線長度（μ）</td><td></td><td></td><td></td><td></td><td></td><td></td><td></td><td></td><td></td></tr>
<tr><td></td><td></td><td></td><td></td><td></td><td></td><td></td><td></td><td></td></tr>
<tr><td>硬度值（Hv）</td><td></td><td></td><td></td><td></td><td></td><td></td><td></td><td></td><td></td></tr>
<tr><td>平均硬度值</td><td colspan="3"></td><td colspan="3"></td><td colspan="3"></td></tr>
<tr><td colspan="2">備註</td><td colspan="9"></td></tr>
</table>

維氏微硬度試驗應注意下列事項：

1.如試驗準備事項所述，裝置場所應特別注意。微小硬度計係輕荷重，特別易受振動之影響，防震應十分注意，可能的話，使用防震台為佳。

2.試件之形狀應常一定，試件面與壓子軸應注意垂直。試驗中易動之不安定試件，應使用老虎鉗抓緊穩固之。

3.一般而言，測定維氏硬度之壓痕甚小，試件表面應精密加工，使對角線長度之測定值誤差為0.5 %或0.0002 mm以內。因此，精密加工要達到用磨布之鏡面加工，為避免加工時所生之表面硬化，應施以電解研磨或澆注以丙銅（Aceton）用磨布亦可。

4.新壓痕與舊壓痕間之距離及與試件端面間之距離分別為對角線長度之4倍及2.5倍以上為佳。

5.維氏硬度亦適合相似法則，但以試料材質均勻為限，因此不均一之試料，硬度數值依試驗荷重之大小而變化。試驗條件，特別是荷重，應如下例併列記述之。（例如）1 Kg荷重Hv500時，寫為Hv(1)500。

6.對物鏡有40倍20倍可互換使用。其焦距調整通常供40倍之用。如換為20倍時，多少會不一樣宜注意。

7.注意記錄指示燈之使用情況，避免操作不當而損毀壓痕器。

六、問題討論

㈠說明為何材質、荷重、鋼球直徑要有表4-1之規定。

㈡若試片表面不為平面而是曲面，如何求得標準之凹痕直徑？

㈢為何施壓於材料表面至少須30秒方可移去負荷？

㈣試片之厚度，表面平滑度，荷重垂直度，荷重速度對硬度測定值各有何影響，請討論之。

㈤試討論凹痕距離邊緣及距離相鄰凹痕中心至少須3d之理由。

㈥勃氏硬度試驗有何優點？適用於那些材料？

㈦勃氏硬度試驗有那些限制？

㈧同種材料用不同的荷重進行試驗，其硬度值是否相同？試討論之。

㈨試討論洛氏硬度試驗機其C與B尺度之零點不相一致之理由？

㈩為何C與B尺度有以下之操作限制：C尺度僅能測H_RC 0~70之硬度，B尺度僅能測H_RB 30~100之硬度？

⑪洛氏硬度試驗有何優點？

⑫洛氏硬度試驗先加一小荷重，其目的為何？

⑬試說明洛氏硬度試驗時其壓痕過程？

⑭試說明Vickers之微小硬度試驗所用壓痕器其金鋼石正方錐之角度為136°之理由。

⑮微小硬度機較勃氏、洛氏之硬度試驗有何好處？

⑯試述微小硬度試驗機之用途。

⑰試片磨光精度與使用荷重之關係如何？

⑱試件表面之粗糙度是否會影響測試之硬度值？為何？

⑲同種材料用不同的荷重進行試驗，其硬度值是否相同？試討論之。

⑳如何歸零對角線測量機構？

(21)聚焦與否是否會對硬度值有影響？

(22)硬度試驗與拉伸試驗有無關聯性？

(23)硬度試驗壓痕時間有一定限制，如果長時間保持壓痕狀態會有何現象發生？（以鉛塊進行壓痕試驗，驗證討論結果）

(24)晶粒尺寸與硬度值有何關係？對於粗晶粒、細晶粒及奈米級晶粒之純銅材料硬度值排列順序如何？說明排列結果。

實驗五　衝擊試驗

一、實驗目的

對刻有凹槽的試片施以衝擊試驗，試片破壞時所受能量的大小即為材料的韌性，由韌性的高低可判斷材料在使用時的脆性破壞傾向。本實驗目的在於量測與比較數種材料之衝擊值，同時瞭解衝擊試驗的原理與操作，另外亦觀察不同韌性材料衝擊試驗後的破斷面差異。衝擊試驗後之樣品保留後續掃描式電子顯微鏡分析實驗觀察破斷面。

二、實驗原理

㈠Charpy 衝擊試驗原理

試驗時，將試片放置於衝擊試驗機之平台上，然後將已放在一定高度之擺錘使之自由落下，進而對試片產生衝擊。利用擺錘的重量及衝擊試片前後擺錘之高度差，計算出試片斷裂所吸收之能量，此值即為材料的韌性。

圖5-1為衝擊試驗原理示意圖。將一已知重量的擺錘升高至h_1高度，釋放後，當其到達最低點位置時，則其位能全部轉為動能，衝斷試片後，一部分能量被試片吸收，剩餘之能量將使擺錘繼續升高至h_2高度。

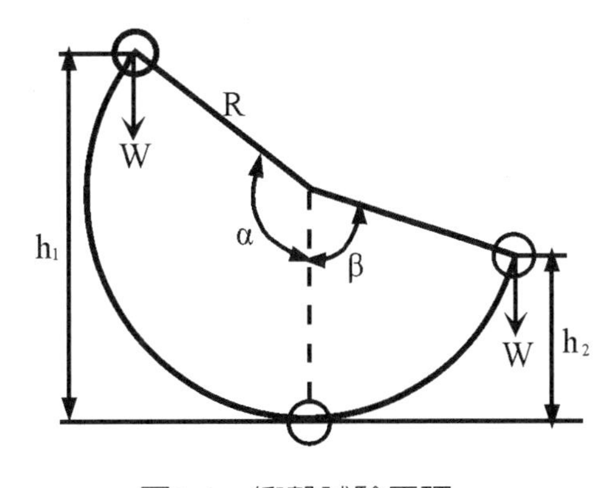

圖5-1　衝擊試驗原理

假設

W＝擺錘重量（kg）。

R＝擺錘的重心到迴轉中心的距離。

h_1＝撞擊前擺錘之高度。

h_2＝撞擊後擺錘升高之高度。

α＝擺錘預定落下位置的角度。

β＝擊斷試片後，擺錘自由上升的角度。

擺錘原有位能＝Wh_1＝WR（1－cosα）

擺錘餘留位能＝Wh_2＝WR（1－cosβ）。

假如不考慮衝擊過程的摩擦損失和試片由墩座飛出時的能量損失，則試片破斷時所吸收的能量ΔE為：

$$\Delta E = W(h_1 - h_2) = WR(\cos\beta - \cos\alpha)$$

上式中W、R、α皆為已知數，所以只要由儀表上讀出β值，即可求出吸收能量。此能量除以試片之斷面積A即為衝擊值I：

$$I = \frac{\Delta E}{A}\left(\frac{kgf - m}{cm^2}\right)$$

㈡溫度對衝擊值的影響

衝擊試驗可以用來決定金屬材料在溫度下降時，由延性轉變為脆性行為的溫度範圍，即為材料的延脆轉換溫度（Fracture transition plastic temperature, FTPT），如圖5-2所示。材料在低溫破斷時會呈現脆性破斷，所謂脆性破斷即是材料在極微小甚至沒有塑

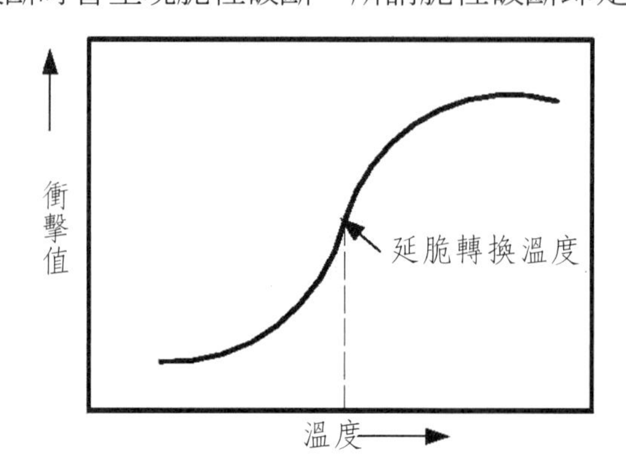

圖5-2　溫度對衝擊值的影響

性變形及沒有預警的情況下所發生的破壞情形，其破斷面呈現光亮而平整；相對於脆性破壞，材料在延脆轉換溫度上產生破斷，於破斷處會產生大量塑性變形，而其破斷面光澤較脆性破斷灰暗，如圖5-3所示。

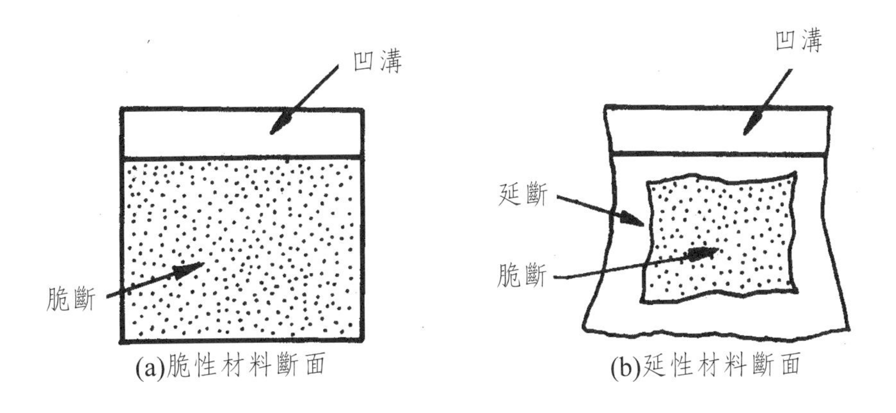

圖5-3　衝擊試片斷面圖

三、實驗設備及材料

實驗主要設備為夏丕（Charpy）衝擊試驗機，如圖5-4所示，另包括游標尺、分離卡計等。

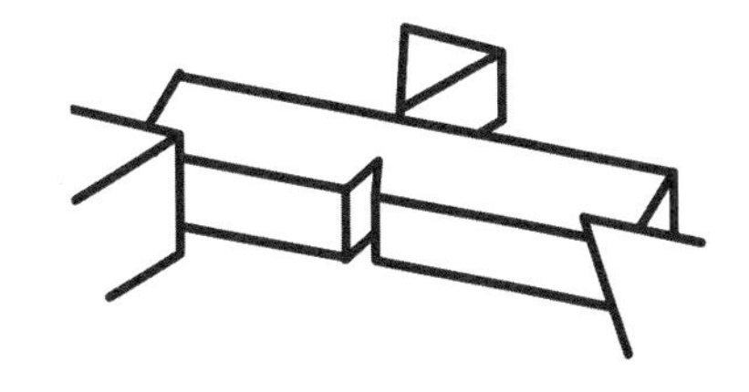

圖5-4　衝擊試驗機

本實驗使用樣品材料包含有低碳鋼、灰鑄鐵、鋁合金與銅合金四種。

四、實驗方法及步驟

㈠依各種材料性質製作試片並保持尺寸正確。

㈡將衝擊試驗機之指針歸零。

㈢裝試片於試驗機之墩座中央。（試片之缺口背面需對準擺錘之打擊口，兩者需在同一線上，如圖5-1所示。）

㈣轉動擺錘升降之把手，提高擺錘至預定落下位置的角度α。

㈤壓下離合器使擺錘自由擺下，而衝斷試片。

㈥緩慢拉緊煞車皮帶停止擺錘之擺動。

㈦讀取擺錘衝擊後剩餘能量所升高的角度β。

㈧計算試片破斷時所吸收之能量，以試片缺口之斷面積除之即為衝擊值。

㈨檢視衝斷後之試片角度及斷口狀況以判斷是延性或脆性材料。

五、實驗結果紀錄

試件編號						
材料種類						
熱處理狀況						
凹槽形狀						
擺錘角度α						
擺錘角度β						
吸收能量（kg-m）						
缺口有效斷面積（mm^2）						
衝擊值（$kg\text{-}m/cm^2$）						
ϕ						
θ						
試驗溫度℃						
破斷口狀況						
備　　註						

六、問題討論

㈠為何衝擊試片需做成缺口凹槽之形狀？

㈡若衝刀或試片凹口不對正中央，將會對試驗結果產生何種影響？

㈢說明熱處理（如完全退火、正常化、脆火或回火）條件對衝擊值和破斷面狀況的影響？

㈣由衝擊試桿之破斷面組織，可否判斷材料之延性與脆性狀況？在陽光下觀察兩者顏色有何不同？

㈤假如試件一次未被衝擊斷裂，是否可再衝擊一次，為什麼？

㈥衝擊試驗之「韌性」（Toughness）與破壞力學試驗的「破壞韌性」（Fracture Toughness, Kc）有何不同？其單位是否相同？

㈦塑膠材料衝擊試驗常採用Izod試驗，與本實驗Charpy試驗有何不同？其單位是否相同？

㈧二次大戰盟軍自由輪斷裂事件導致戰後軍艦鋼板成分規格由0.23C0.75Mn調整為0.21C0.9 5Mn，延脆轉換溫度（FTPT）由0℃降低至－14℃，以此案例討論衝擊試驗在材料破損之應用。

實驗六　掃描式電子顯微鏡分析

一、實驗目的

利用掃描式電子顯微鏡觀察先前拉伸與衝擊試驗後試片之破斷面，藉由不同材料的破斷面特徵判斷屬於脆性或延性破裂。另外比較衝擊試片之近凹槽（notch）與遠離凹槽處之破裂形貌有何不同。

二、實驗原理

㈠掃描式電子顯微鏡

掃描式電子顯微鏡最早是由德國人 Von Ardenne 在 1930 年發明，並於 1965 年正式在英國商用化。掃描式電子顯微鏡的解像力是介於光學顯微鏡與穿透式電子顯微鏡之間，其成像原理是利用一束具有 5～30 KV 之電子束掃描試片的表面，並將表面產生之訊號（包括二次電子、背向散射電子、吸收電子、X 射線等，如圖6-1所示）加以收集經放大處理後，輸入到同步掃描之陰極射線管（CRT），以顯現試片圖形之影像。

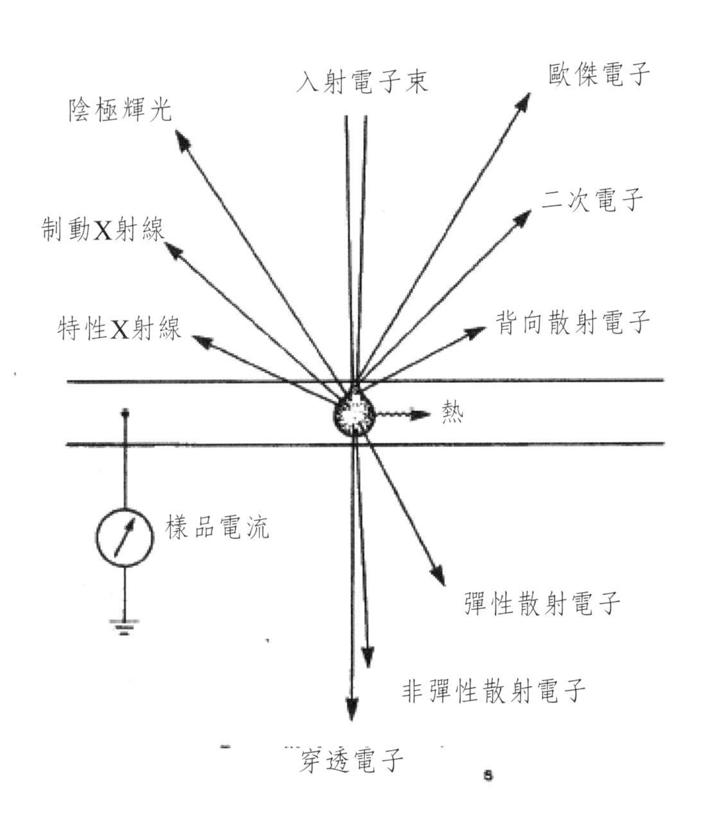

圖6-1　各類電子束反射訊號

一般掃描式電子顯微鏡的構造如圖6-2所示，由於電子顯微鏡觀察需在高真空環境下進行，潮濕或易揮發之物質會妨礙高真空之維持，所以為了避免標本所含的水份、流質在高真空下揮發而影響觀察，所以必須先將樣品作固定、脫水等處理，一般採用臨界點乾燥法來作樣品的前處理；非導電性樣本會因電荷累積於試片表面無法去除，產生排斥力，使電子束受到干擾無法進行觀察，同時為了避免樣本在電子束掃描時因高溫而遭破壞以及增加二次電子的產生來得到更清晰的影像，必須在樣本的表面上覆蓋一層金屬或碳的薄膜。為了避免電子束在照射到樣本表面之前與殘留的氣體分子相撞，所以掃描式電子顯微鏡必須保持在一定高真空度環境下。一般而言，電子顯微鏡必須維持在 10^{-4} 至 10^{-6} Torr 的真空度內，真空度低會損傷燈絲（鎢絲）的正常使用壽命。

掃描式電子顯微鏡的主要附件有X光能量散失儀（EDX）及背向散射電子繞射分析儀（EBSD）。附加 EDX 可作微區成分分析，EBSD則可由背向散射菊池圖作微區晶體結構和晶相的分佈分析。

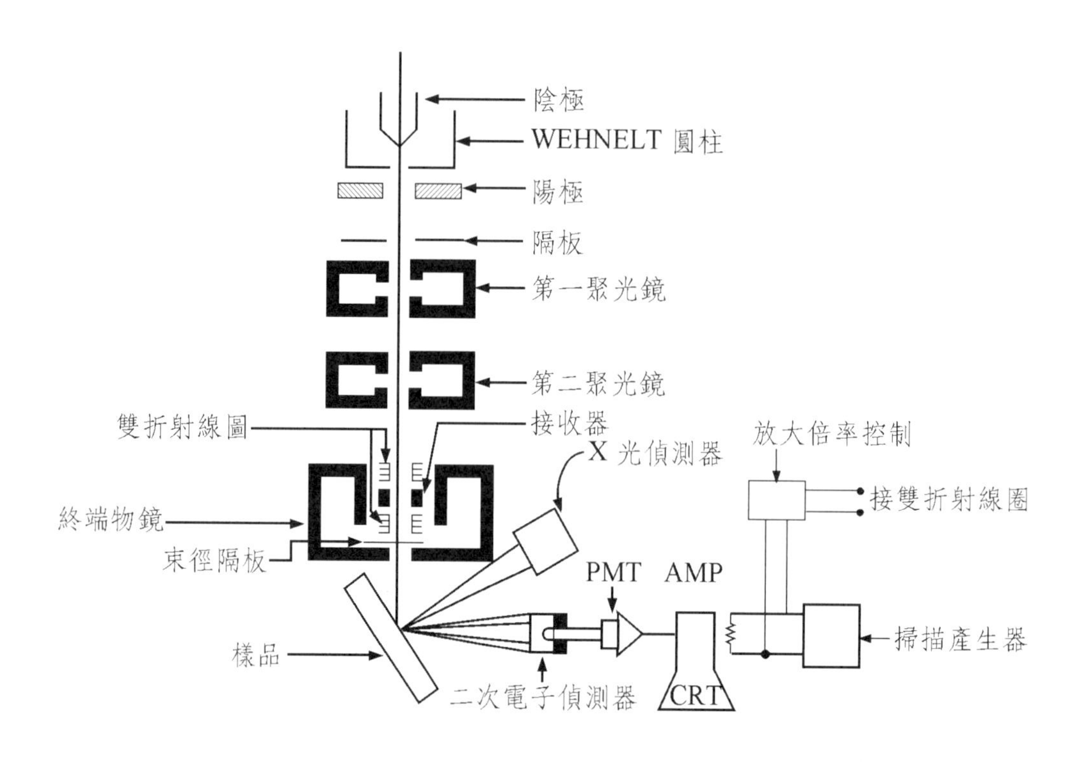

圖6-2　掃描式電子顯微鏡構造圖

掃描式電子顯微鏡應用範圍非常廣泛，也很普遍的使用在非導電性樣品的觀察上。如生物（種子、花粉、細菌……）醫學（血球、病毒……）、動物（大腸、絨毛、細胞、纖維……）、材料（陶磁、高分子、粉末、環氧樹脂……）、化學、物理、地質、冶金、礦物、污泥（桿菌）、機械、電機及導電性樣品如半導體（IC、線寬量測、斷面、結構觀察……）、電子材料等。

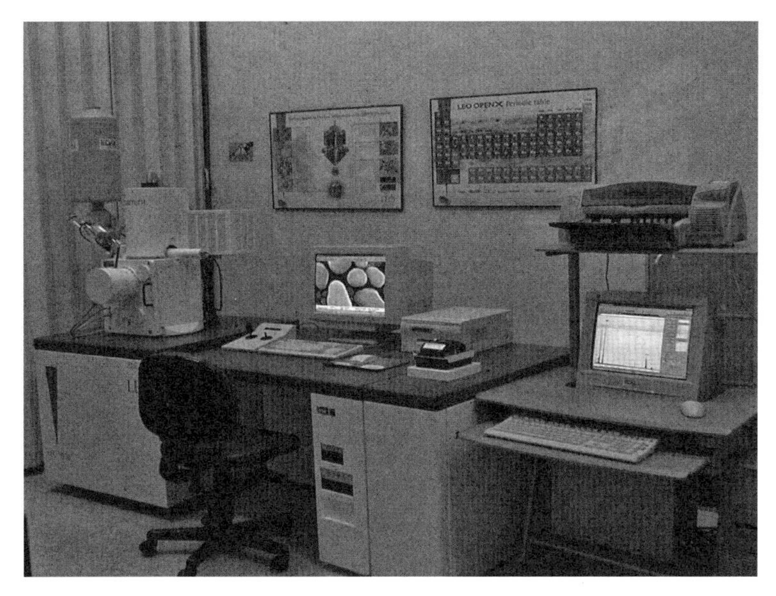

圖6-3　掃描式電子顯微鏡附加X光能量散失儀（SEM / EDX）

㈡破斷面形貌觀察

材料表面受到機械應力破壞，其破壞面可能呈現延性或脆性特徵，延性破壞的巨觀特徵包括明顯縮頸及破壞面呈現灰暗顏色，其微觀特徵為窩穴（dimple)，脆性破壞的巨觀特徵為無明顯縮頸且顏色呈現閃亮顏色，微觀特徵為劈裂面（cleavage plane)及河川狀條紋（river pattern)。一般傾向延性破壞的條件包括：

1.延性材質（FCC晶格材料）。
2.單軸向應力。
3.低應變速率。
4.溫度較高。

而脆性破裂常發生在下列條件：

1.延性材質（BCC或HCP晶格材料)。
2.多軸向應力（具有缺口或刮痕之試片)。
3.高應變速率。
4.低溫環境下。
5.粒界脆化（潛變、回火脆化、粒界析出等）。

三、實驗設備及材料

圖6-3為掃描式電子顯微鏡，本實驗使用材料為經過拉伸試驗與衝擊試驗後的低碳鋼、鑄鐵、鋁合金及銅合金。另外以一矽晶片折斷後比較其破斷面。

四、實驗方法及步驟

㈠試片製作

1.將拉伸或衝擊試驗後的金屬試片破斷面以慢速切割機切成塊狀試片，並以酒精清洗，另外將矽晶片折斷後，一併觀察。

2.以銀膠將試片黏著於SEM試片載台上。

3.折斷之矽晶片破斷面觀察前須先真空鍍金或鍍碳。

㈡SEM操作

1.詳讀SEM操作說明。

2.開啟防斷電系統。

3.依試片高度不同替換不同WD之試片座，並置入試片，抽真空。

4.升電壓與電流，並確定電流值越過偽峰而達到飽和電流。

5.學習如何使用BSE與Y-junction成相，與其代表意義。

6.降電流與電壓，洩真空並取出試片。

五、典型破斷面型態

㈠銅（拉伸試片）

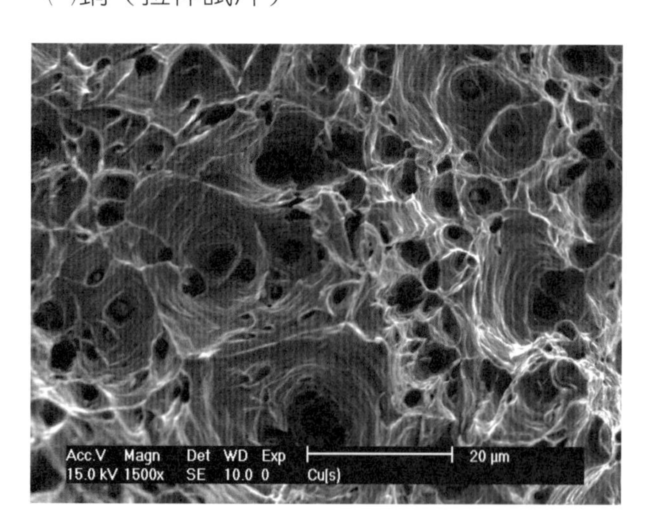

可觀察到許多明顯的窩穴（dimple），並含有夾雜物存在，屬於延性破裂特徵。

㈡鋁（拉伸試片)

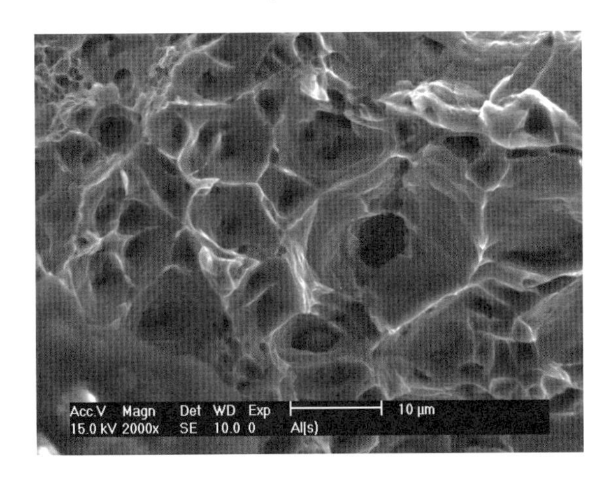

同樣可觀察到許多明顯的窩穴（dimple），並含有夾雜物存在，屬於延性破裂特徵。

㈢低碳鋼（拉伸試片）

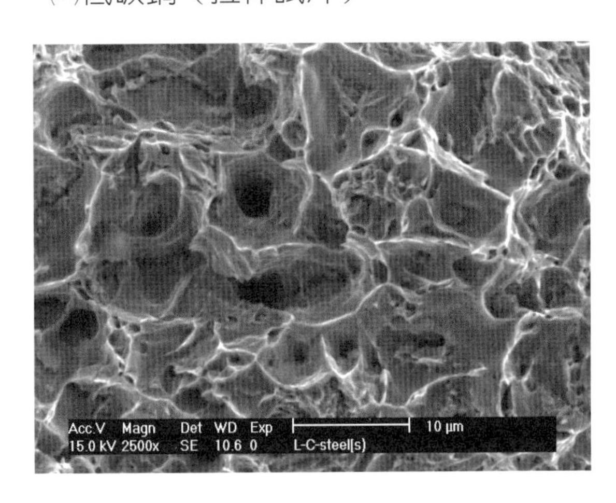

可觀察到窩穴（dimple），並含有夾雜物存在，屬於延性破裂特徵。

㈣鑄鐵（拉伸試片）

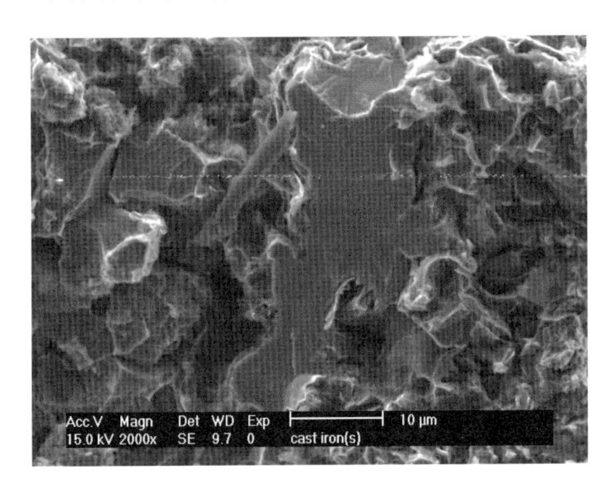

觀察到劈裂面的存在，並可觀察到明顯的河川狀條（river pattern）流紋，屬於脆性破裂。

㈤低碳鋼（衝擊試片；接近凹槽處)

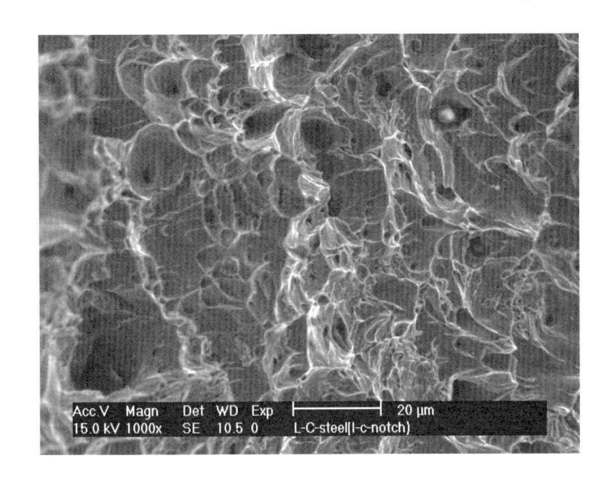

可觀察到窩穴（dimple）與劈裂面同時出現，顯示低碳鋼在接近凹槽處偏向脆性破裂。

㈥低碳鋼（衝擊試片；遠離凹槽處）

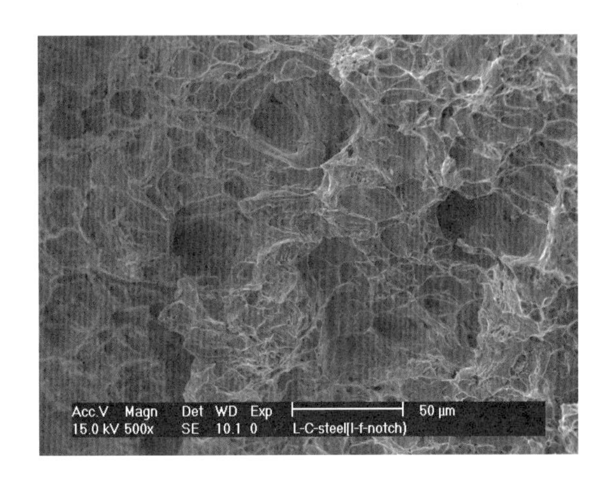

雖可觀察到窩穴（dimple），但沒有拉伸試片明顯，這是因為應變速率較高所致。

㈦鑄鐵（衝擊試片；接近凹槽處）

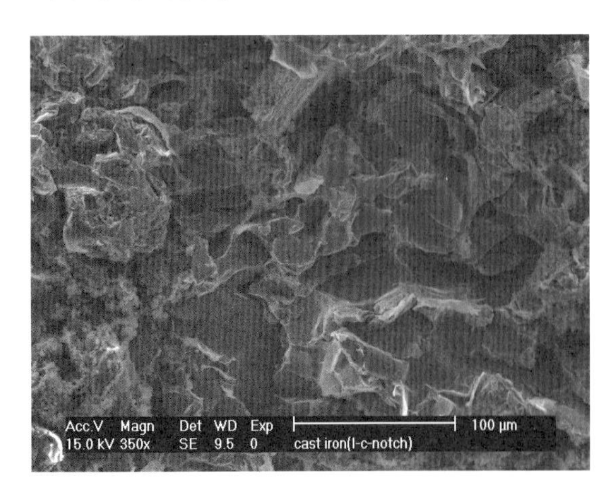

觀察到明顯的劈裂面，屬於脆性破裂。

㈧鑄鐵（衝擊試片；遠離凹槽處)

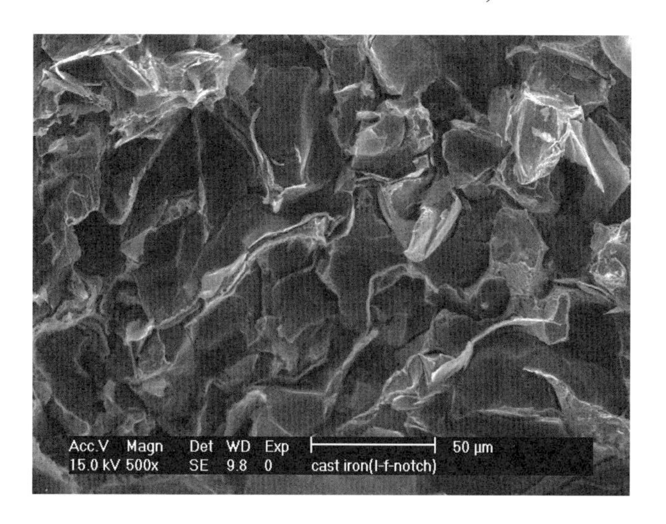

六、問題討論

㈠為何破斷面觀察須使用掃描式電子顯微鏡，而不能使用光學顯微鏡？

㈡延性破壞的破斷面有那些宏觀及微觀特徵？

㈢脆性破壞的破斷面有那些宏觀及微觀特徵？

㈣延性破壞的窩穴特徵是如何形成？為何有些窩穴底部找不到夾雜物？

㈤脆性破壞的河川狀條紋是如何形成？

㈥二次電子成像（SE）與背向散射電子（BSE）成像有那些差別？

㈦掃描電子顯微鏡附裝電子能量散失儀（EDX）與背向散射電子繞射分析儀（EBSD）各有何用途？

㈧如何由河川狀條紋判斷脆性破壞的斷裂行進方向？

實驗七　X光繞射分析

一、實驗目的

本實驗利用X光繞射法分析幾種金屬粉末的晶體結構，經由各繞射平面之Miller Index計算出其中最強的三個繞射平面之晶格常數。使學生熟悉X光繞射分析技術，同時學習X光繞射儀及其輔助分析軟體的使用。

二、實驗原理

㈠X射線的發現

1895年夏天，德國烏茲柏格大學物理教授倫琴（W.C. Röntgen），在實驗中發現每次自射線管中發出一陰極射線一段距離外的氰鉑鋇晶體幕板上，總會出現螢光，他認為此螢光應是由一可直接穿過玻璃紙板及空氣的不知名射線所引起的，而此不知名射線則是由陰極射線撞擊在陽極靶所引起的，此射線甚至可使密封的底片感光，並使氣體離子化，倫琴於是將此神秘射線命名為X射線（X-ray）。

而X射線的特性及繞射現象又繼續在勞厄（Laue）、布瑞格父子（W.H. Bragg and W.L. Bragg）等數位學者的努力下，奠定重要基礎，終於不僅成為醫學及工業上重要的檢驗工具，更擔當起結晶學及固態物理學上不可或缺的研究利器。

㈡X射線管

X射線管必須具有高度真空，且同時包含：(a)電子來源；(b)電子之加速電壓；(c)金屬標靶。一般繞射用之X射線管兩極間電壓，都維持在3至5萬伏特左右，以供電子加速。電子的來源乃來自通以高電流之高熱燈絲（多為鎢絲）所釋放出來的熱電子，這些熱電子受到兩電極間的高電壓加速，從陰極端射向陽極端集中撞擊在陰極靶的焦點（focal spot）上。所產生的X光從焦點向X光管側面四周輻射，最後經由二至四個窗口向外射出，為避免X射線的損失，窗口材料多選用吸收X光較少的元素材料，例如鈹（鈹窗）。此外，為維持高真空，窗口必須與X光管玻璃氣密接合。X射線管之構造如圖7-1所示：

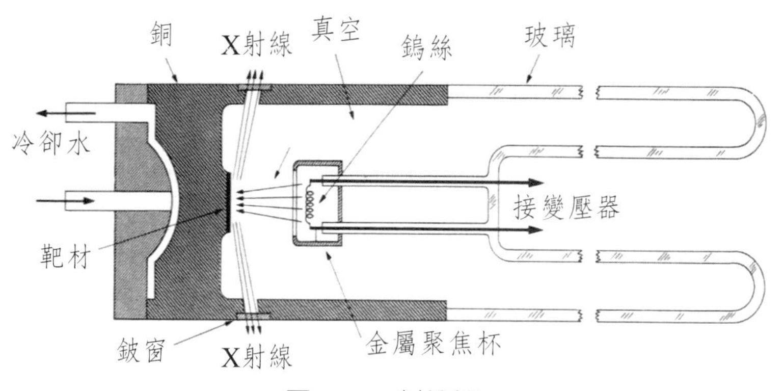

圖7-1 X射線管

㈢特性光譜

從電磁學原理知道當帶電粒子在加速或減速的過程中，會釋放出電磁波，而在巨大加速過程中所放出之電磁波具有高能量，當其波長在10^{-12}~10^{-8}m則成X射線。因此當以經高電壓加速之電子束撞擊陽極標靶，高速電子受到標靶原子的阻擋急劇停止下來，電子在這種非彈性碰撞過程中的能量損失部分轉變成X光子的能量，因這些碰撞可以許多不同的方式發生，故會形成連續X射線帶亦稱為白光（white radiation）光譜。此外，電子束與試片之原子碰撞時，原子內層電子被打出，可能會產生特徵線，當內層電子射出時，原子外層之電子立即會掉入內層的電子空位，同時伴隨射出特徵X光子或歐傑電子，對於前者所形成之光譜則稱為特性光譜（characteristic spectrum），如圖7-2所示，而藉由特性光譜的出現可以進行晶體結構與成分分析。

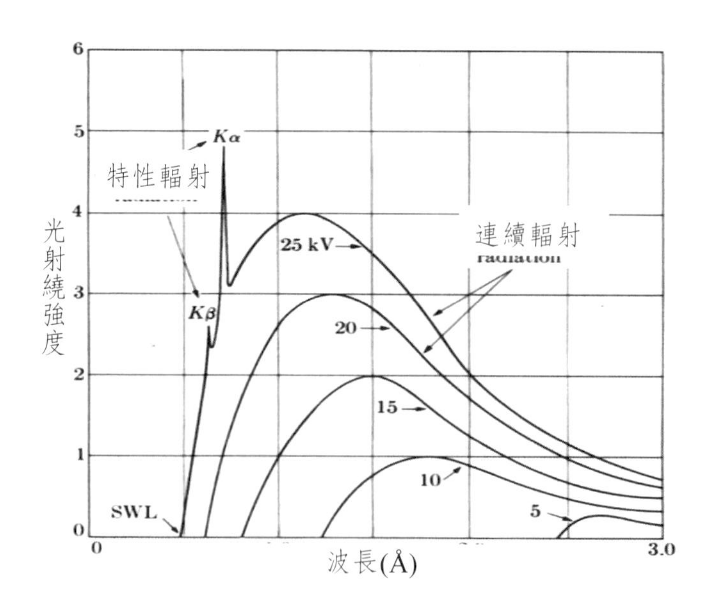

圖7-2 X射線特性光譜

㈣布瑞格定律

當X光照射晶體時，光束不僅由表面層之原子所反射，而且從相當深的原子層反射，所以建設性干涉僅發生在非常嚴格之條件下，有關這種條件的定律就是布瑞格定律（Bragg's Law）。

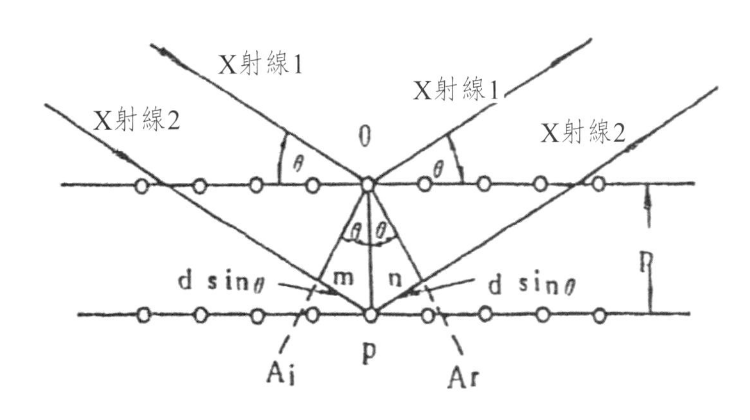

圖7-3 布瑞格繞射定律

由圖7-3可看出距離mp及pn均等於dsin θ，故距離mp+pn等於2dsin θ，如果這段路徑差等於波長整數倍（n λ），繞射訊號就會有建設性干涉。如此便符合布瑞格定律（Bragg's Law）：

$$2d\sin\theta = n\lambda$$

其中n=1,2,3,

λ=X光之波長

d=相鄰兩平面距離

θ=X光束之入射角或反射角

當此關係被滿足時，反射線a_1及a_2為同相，因而產生了建設性干涉。進一步說當一束細窄之X光照射未變形之晶體時，產生建設性干涉之角度非常明確，因為反射係源自於千萬個平行的晶格面，在此情況下，縱使稍偏離滿足關係式之角度，也會引起反射光的破壞性干涉。因此，在晶體中唯有特定晶面才能符合Bragg's Law而產生加強性干涉。

㈤勞厄法（Laue technique）

單晶經由一連續波長的X射線照射，凡是符合Bragg's Law條件的平面都會產生強烈繞射（加強性干涉所致），從繞射點分佈的圖形可以判斷晶格的特性。Laue照相法通常用來決定晶體之方向，該方法最大的特點為X射線的波長不是固定的，而單晶所面對X射線的入射平面是固定的，因此所得之繞射點全是同一平面所提供。

(六)晶體繞射分析

1.**立方晶體**(cubic)**繞射圖形分析**

在立方晶體結構的晶體中(例如FCC, BCC或Diamond Cubic)晶格常數a與兩結晶平面間距d的關係式如下:

$$d(h,k,l)=\frac{a}{\sqrt{h^2+k^2+l^2}} \qquad (1)$$

*hkl*為某一結晶面之Miller Index,通常皆為整數。因此當λ與θ已知時,可由布瑞格定律得到d值,

$$n\lambda = 2d\sin\theta \qquad (2)$$

中θ為繞射峰之角度,λ則為金屬靶之特徵波長,本實驗係採用銅靶,λ為1.540560Å。綜合以上兩公式,得知在n=1時,

$$\sin^2\theta=\frac{\lambda^2}{4a^2}(h^2+k^2+l^2) \qquad (3)$$

(3)式得知$\sin^2\theta$值與($h^2+k^2+l^2$)值成正比關係,因此,由所測得之各個繞射峰之θ值可推測其對應之(*hkl*)晶面,再根據表7-1與表7-2所列之X光繞射條件,可查出材料之晶體結構。

表7-1 立方晶體中之X繞射條件

立方晶格	繞射條件
SC	所有(hkl)皆可
BCC	(h+k+l)為偶數
FCC	hkl全為偶數或全為奇數
Diamond Cubic	hkl全為偶數或奇數,且(h+k+l)不為奇數之2倍。

2.**正方晶體**(tetragonal)**繞射圖形分析**

正方晶體平面間距離方程式具有兩個未知參數a和c:

$$\frac{1}{d^2}=\frac{h^2+k^2}{a^2}+\frac{l^2}{c^2}=\frac{1}{a^2}\left[(h^2+k^2)+\frac{l_1^2}{\left(\frac{c}{a}\right)^2}\right]$$

表7-2 立方晶體之繞射平面表

$h^2+k^2+l^2$	hkl			
	SC	FCC	BCC	Diamond
1	100			
2	110		110	
3	111	111		111
4	200	200	200	
5	210			
6	211		211	
7				
8	220	220	220	220
9	300,221			
10	310		310	
11	311	311		311
12	222	222	222	
13	320			
14	321		321	
15				
16	400	400	400	400
17	410,322			
18	411,330		411,330	
19	331	331		331
20	420	420	420	
21	421			
22	332			
23		422	422	422
24	422			
25	500,430			
26	510,431		510.431	
27	511,333	511,333		511,333
28				
29	520,432			
30	521		521	
31				
32	440	440	440	440
33	522,441			
34	530,433		530.433	
35	531	531		531
36	600,442	600,442	600.442	
37	610			
38	611,532		611,532	
39				
40	620	620		620
41	621,540,443			
42	541		541	
43	533			533
44	622	533,622	622	
45	630,542			

如果考慮任何兩個正方晶體平面（1和2平面），則上式可寫成

$$2\log d_1 - 2\log d_2 = -\log\left[(h_1^2 + k_1^2) + \frac{l_1^2}{\left(\frac{c}{a}\right)^2} + \log(h_2^2 + k_2^2) + \frac{l_2^2}{\left(\frac{c}{a}\right)^2}\right]$$

上式表示任何兩個平面的2 log d值差與a無關，而與c/a和任一平面的hkl有關。Hull和Davey就是利用這種特性，而求得指標正方晶體粉末圖形的圖解方法。

3.**六方晶體（Hexagonal）繞射圖形分析**

六方晶體的指標亦可用圖形方法求得，因六方晶體和正方晶體相似皆有兩個未知的的參數a和c。六方晶體的平面距離方程式為

$$\frac{1}{d_2} = \frac{4}{3}\frac{h^2 + hk + k^2}{a^2} + \frac{l^2}{c^2}$$

再由布瑞格法則和六方晶體的平面距離方程式可得

$$\sin^2\theta = \frac{\lambda^2}{4}\left[\frac{4}{3}\cdot\frac{h^2 + hk + k^2}{a^2} + \frac{l^2}{c^2}\right]$$

三、實驗設備及材料

本實驗所使用X光繞射儀（XRD）如圖7-4所示，分析樣品如表7-3所列：

表7-3　本實驗分析金屬粉末樣品

組別	1		2		3		4		5	
試片編號	A1	Cu	A2	Al	A3	Ni	A4	Sn	A5	MO
	B1	Al+Ni	B2	Cu+Sn	B3	Al+Sn	B4	Cu+Ni	B5	Ni+Sn
	C1	Y_2O_3	C2	Fe_3O_4	C3	Al_2O_3	C4	MgO	C5	B_2O_3

(A)蓋板(B)聚焦狹縫(C)樣品(D,E)光束行進狹縫(F)偵測器

圖7-4　X光繞射分析儀（XRD）

四、實驗方法及步驟

㈠試片製作

1.將試片框架一面貼上雙面貼紙，另一面鋪上一層粉末。
2.以載玻片將粉末刮平與壓實（與框架平行），確定試片框架在傾斜45° 時，粉末仍不會掉落。

㈡XRD操作

1.詳讀XRD操作說明與輻射講習手冊。
2.調整室內溫度，以避免XRD射線管上產生凝結水。
3.打開冷卻水系統，以確保XRD射線管提供穩定品質之X射線。
4.升電壓與電流（分別為30KV與20 mA）。
5.設定各項參數值（鈹窗電流，試片及偵測器旋轉角度與速度）。
（10~90度；每0.04° 收集訊號一次；試片每分鐘旋轉4°,偵測器旋轉8° ）
6.降電流與電壓，關閉XRD電源，30分鐘後關閉冷卻水系統。
7.實驗結束後以Peakpicker軟體標定各繞射波峰之強度與2θ或d（原子間距）值。

㈢X光繞射譜線分析

1.利用Peakpicker得到各繞射波峰的d或2θ值
2.利用PC-PDF取得該晶體之繞射平面資料，並確認與Peakpicker數據符合。
3.經由各繞射平面推算出該晶體之繞射條件，決定該晶體之結構。
4.利用符合該晶體之公式來計算晶格常數a，b，c值。
5.利用XRD數據可分析未知混合試片，或是確認多元素所形成之化合物種類。

五、本實驗各種金屬粉末之X光繞射譜線

㈠A1試片（已知為Cu粉末）

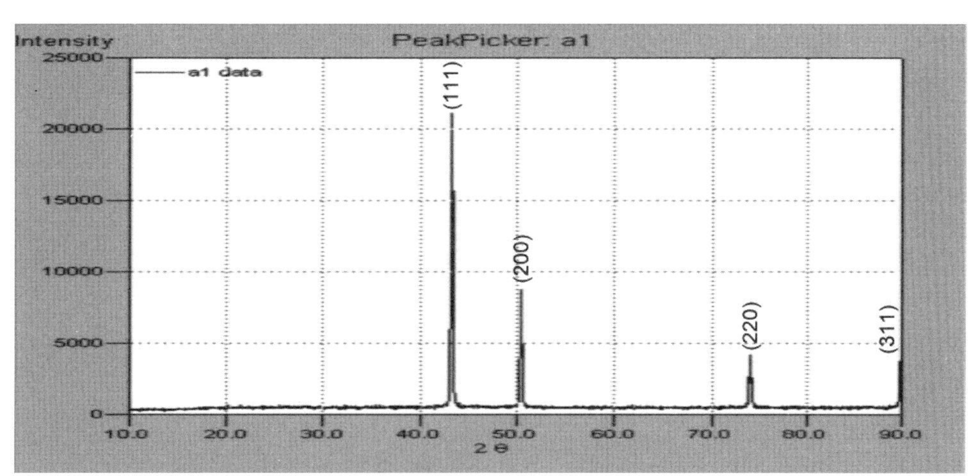

經計算可得(111)之a = b = c = 3.622Å　(200)之a = b = c = 3.625Å
(220)之a = b = c = 3.619Å　Cu屬於FCC結構

㈡A2試片（已知為Al粉末）

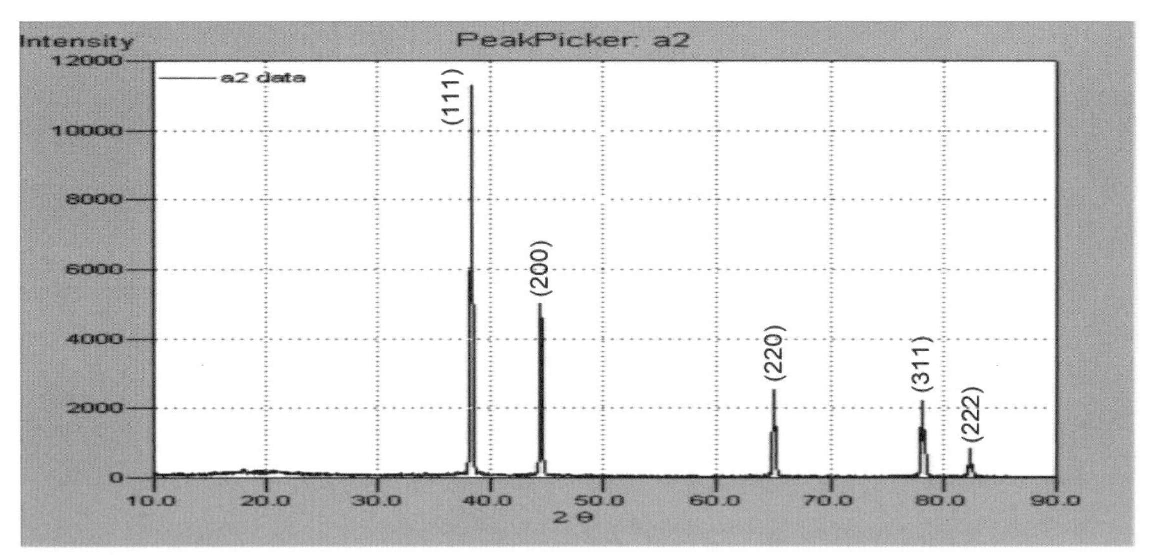

經計算可得(111)之a = b = c = 4.055Å

(200)之a = b = c = 4.057Å

(220)之a = b = c = 4.041Å

Al屬於FCC結構

㈢A3試片（已知為Ni粉末）

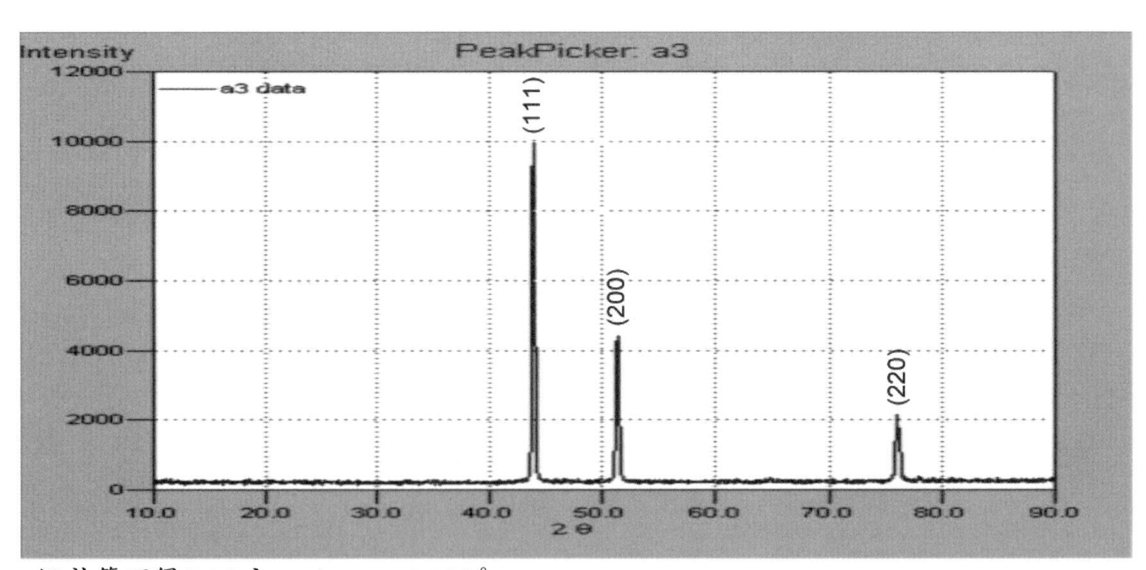

經計算可得(111)之a = b = c = 3.533Å

(200)之a = b = c = 3.537Å

(220)之a = b = c = 3.532Å

Ni屬於FCC結構

㈣A4試片（已知為Sn粉末）

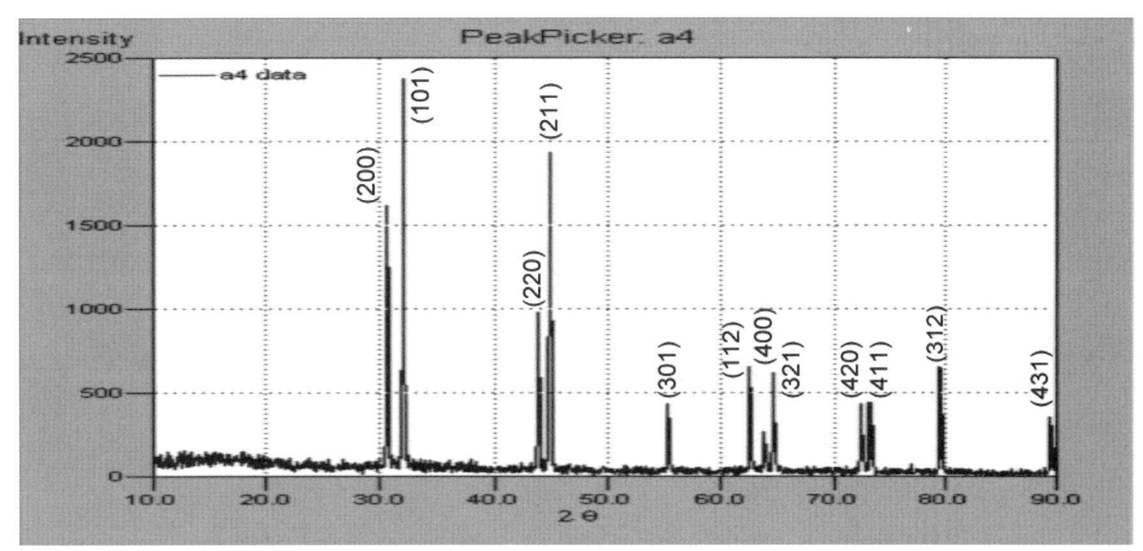

經計算可得(101)之a = b = 5.837Å ; c = 3.187Å

(211)之a = b = 5.833Å ; c = 3.184Å

(200)之a = b = 5.837Å ; c = 3.188Å

Sn屬於TET結構

㈤A5試片（已知為Mo粉末）

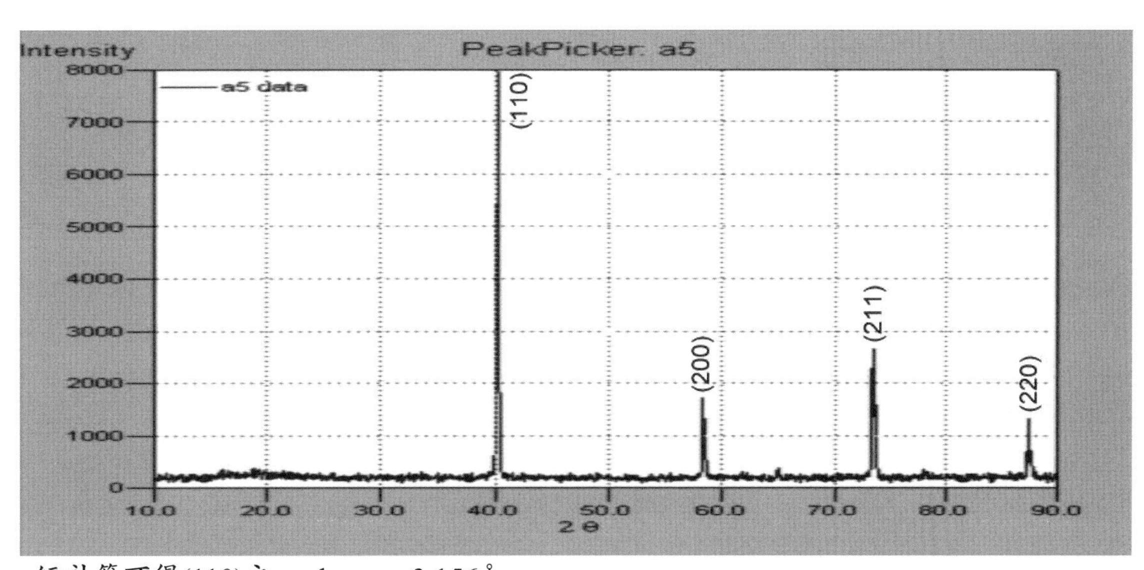

經計算可得(110)之a = b = c = 3.156Å

(211)之a = b = c = 3.149Å

(200)之a = b = c = 3.154Å

Mo屬於BCC結構

㈥B1試片（兩未知混合粉末，經實驗結果可知爲Al+Ni混合粉末）

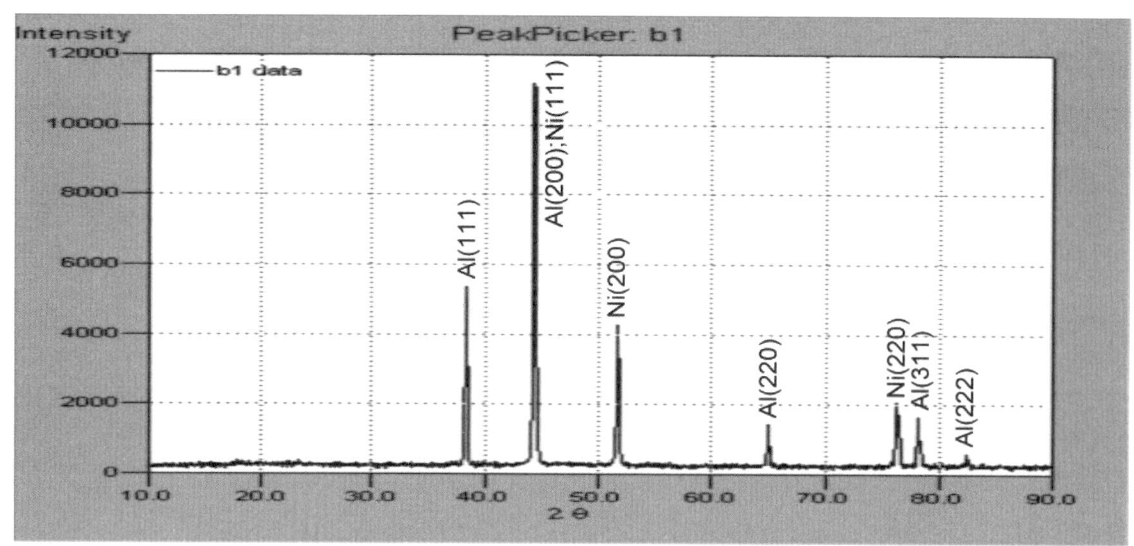

經分析可知該繞射波峰分別屬於:

Al(111) ; Al(200) ; Al(220) ; Al(311)

Ni(111) ; Ni(200) ; Ni(220)

該混合粉末爲Al與Ni的混合粉末

㈦B2試片（兩未知混合粉末，經實驗結果可知為Sn+Cu混合粉末）

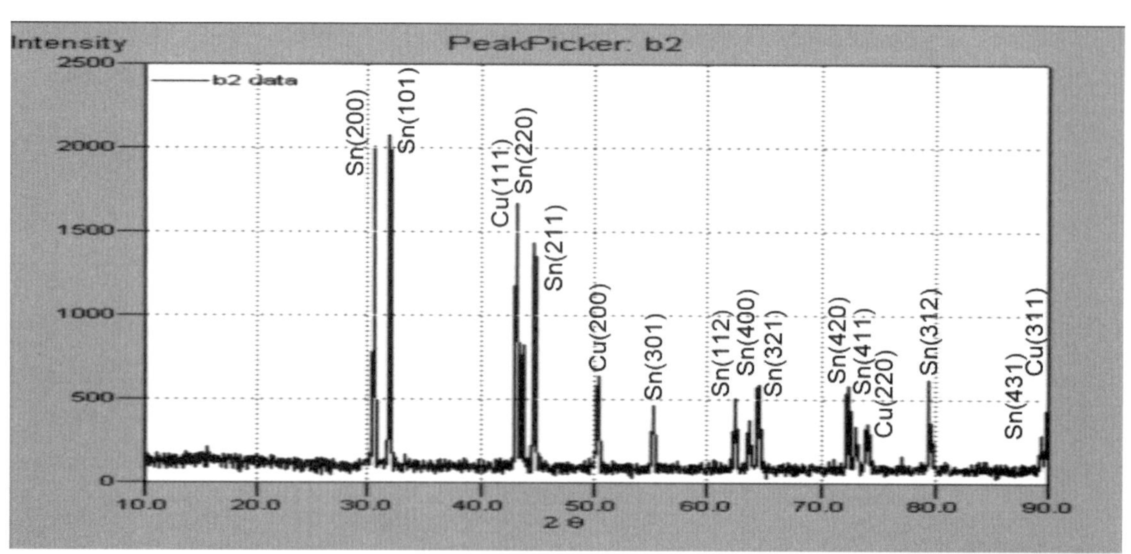

經分析可知該繞射波峰分別屬於:

Sn(200) ; Sn(101) ; Sn(220) ; Sn(211) ; Sn(301) ; Sn(112) ; Sn(400) ; Sn(321) ; Sn(420) ;

Sn(411) ; Sn(312) ; Sn(431)

Cu(111) ; Cu(200) ; Cu(220) ; Cu(311)

該混合粉末爲Sn與Cu的混合粉末

㈧B3試片（兩未知混合粉末，經實驗結果可知為Sn+Al混合粉末）

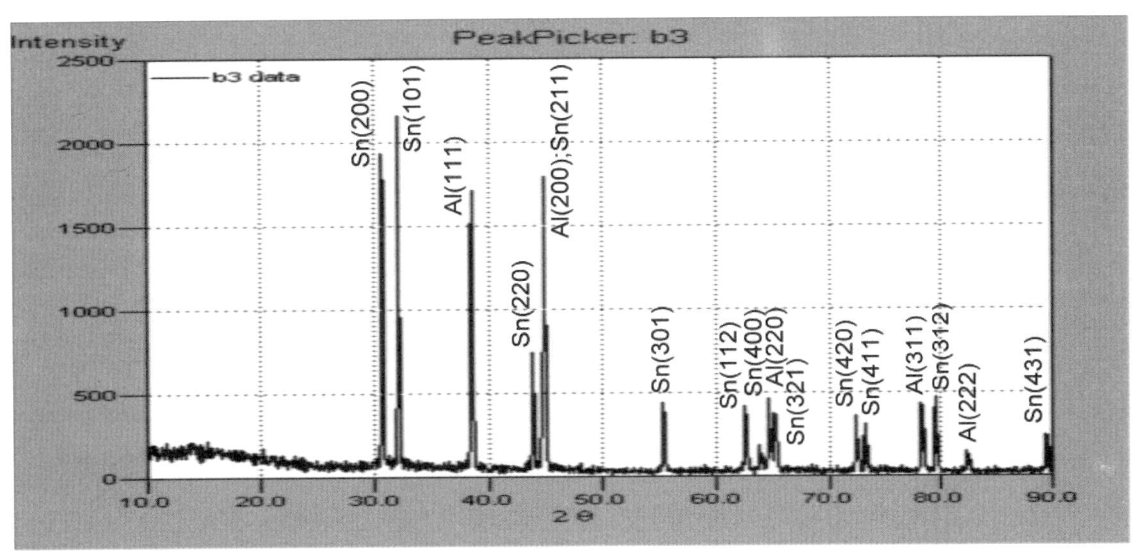

經分析可知該繞射波峰分別屬於:

Sn(200) ; Sn(101) ; Sn(220) ; Sn(211) ; Sn(301) ; Sn(112) ; Sn(400) ; Sn(321) ; Sn(420) ; Sn(411) ; Sn(312) ; Sn(431)

Cu(111) ; Cu(200) ; Cu(220) ; Cu(311)

該混合粉末爲Sn與Cu的混合粉末

㈨B4試片（兩未知混合粉末，經實驗結果可知為Cu+Ni混合粉末）

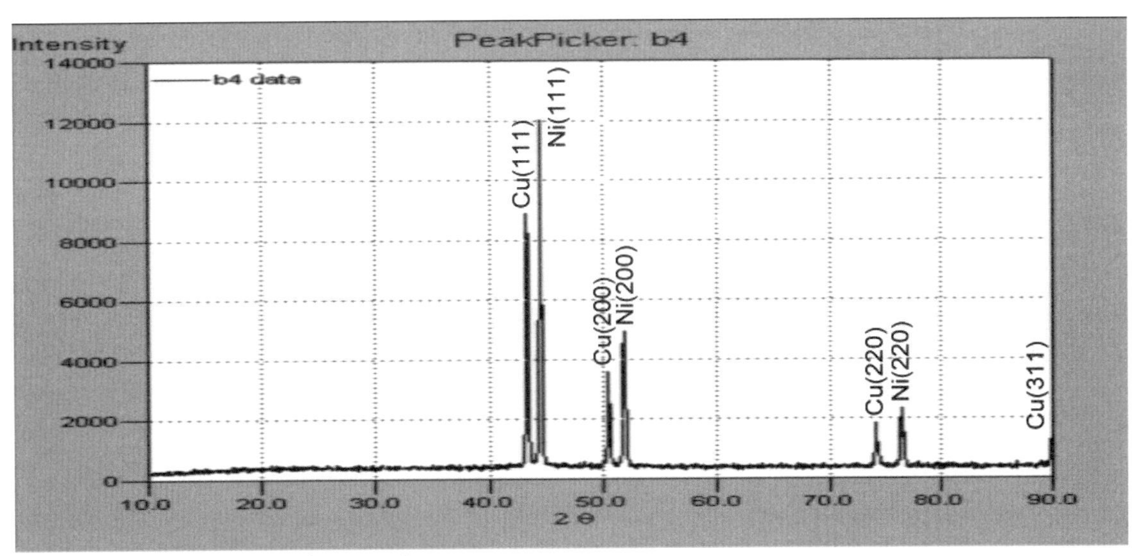

經分析可知該繞射波峰分別屬於:

Cu(111) ; Cu(200) ; Cu(220) ; Cu(311)

Ni(111) ; Ni(200) ; Ni(220)

該混合粉末爲Cu與Ni的混合粉末

㈩B5試片（兩未知混合粉末，經實驗結果可知為Sn+Ni混合粉末）

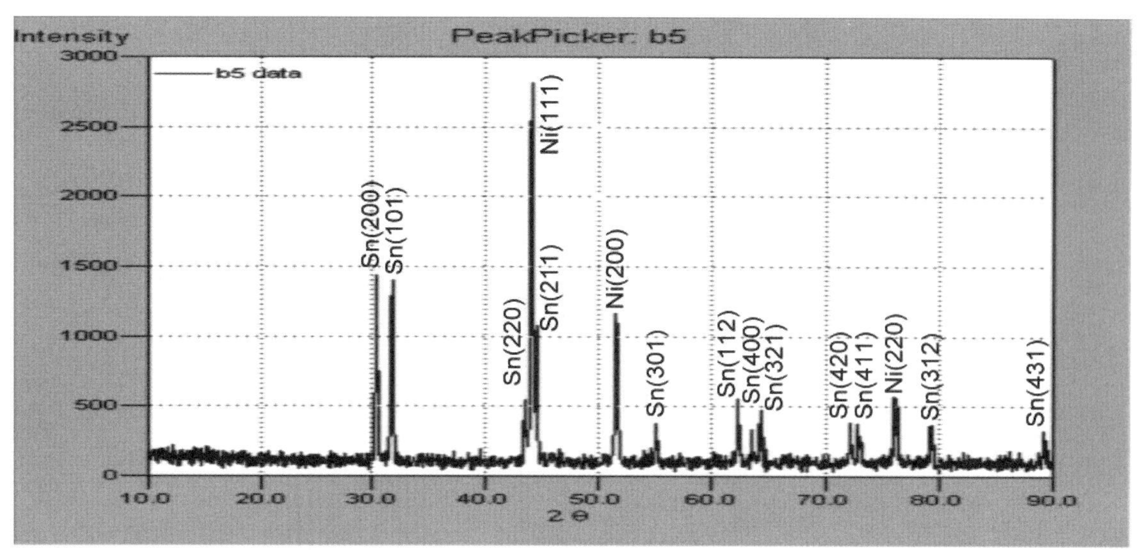

經分析可知該繞射波峰分別屬於:

Sn(200) ; Sn(101) ; Sn(220) ; Sn(211) ; Sn(301) ; Sn(112) ; Sn(400) ; Sn(321) ; Sn(420) ; Sn(411) ; Sn(312) ; Sn(431)

Ni(111) ; Ni(200) ; Ni(220)

該混合粉末爲Sn與Ni的混合粉末

㈪C1試片（已知為Y及O之化合物，經實驗結果可知為Y_2O_3粉末)

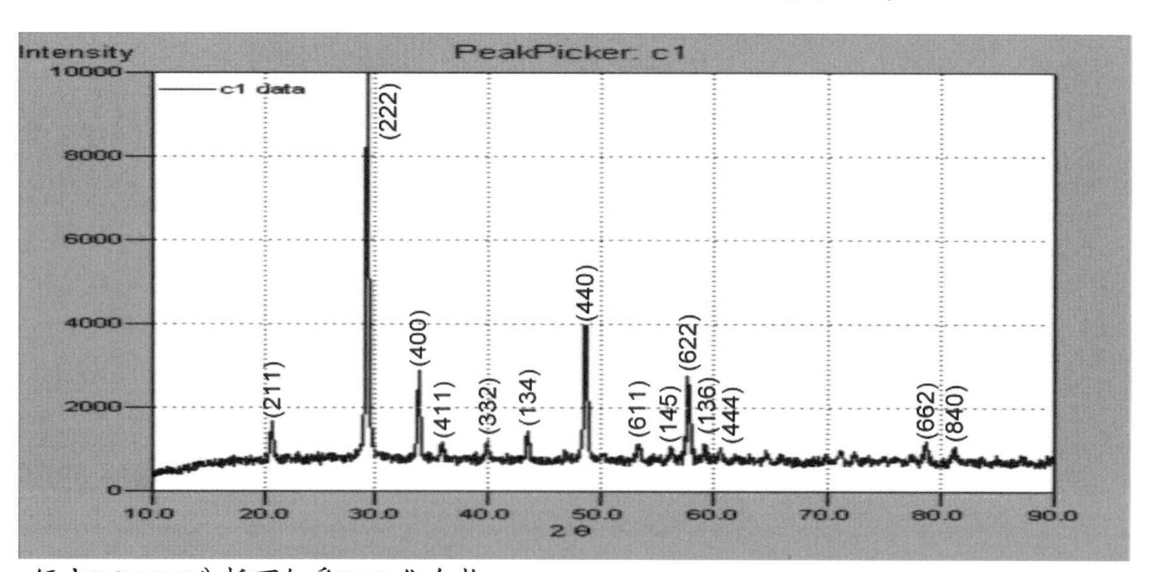

經由PC-PDF分析可知爲Y_2O_3化合物

㈫C2試片（已知為Fe及O之化合物，經實驗結果可知為Fe_3O_4粉末）

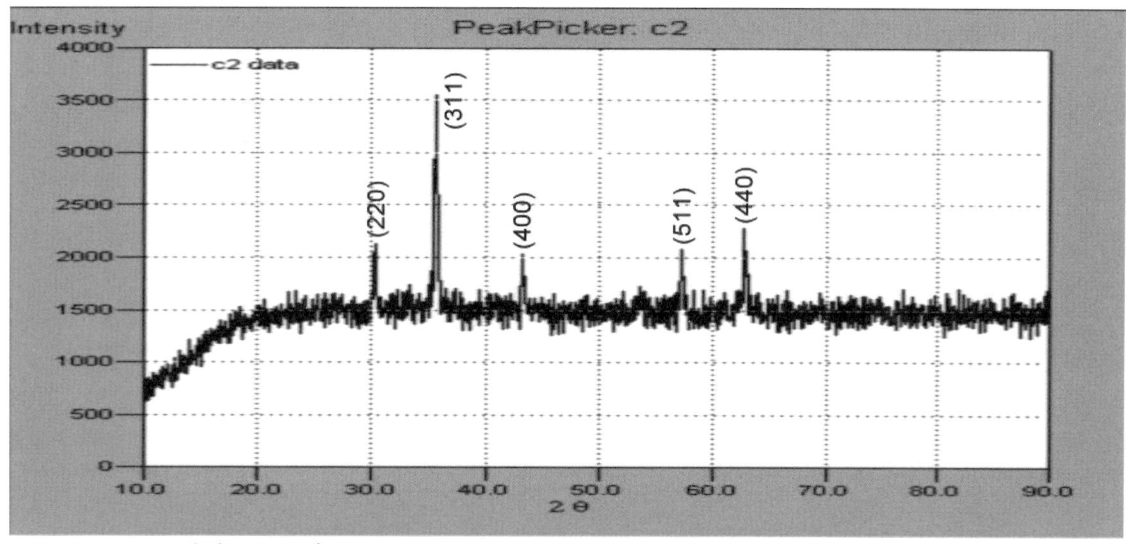

經由PC-PDF分析可知爲Fe_3O_4化合物

㈢C3試片（已知為Al及O之化合物，經實驗結果可知為Al_2O_3粉末）

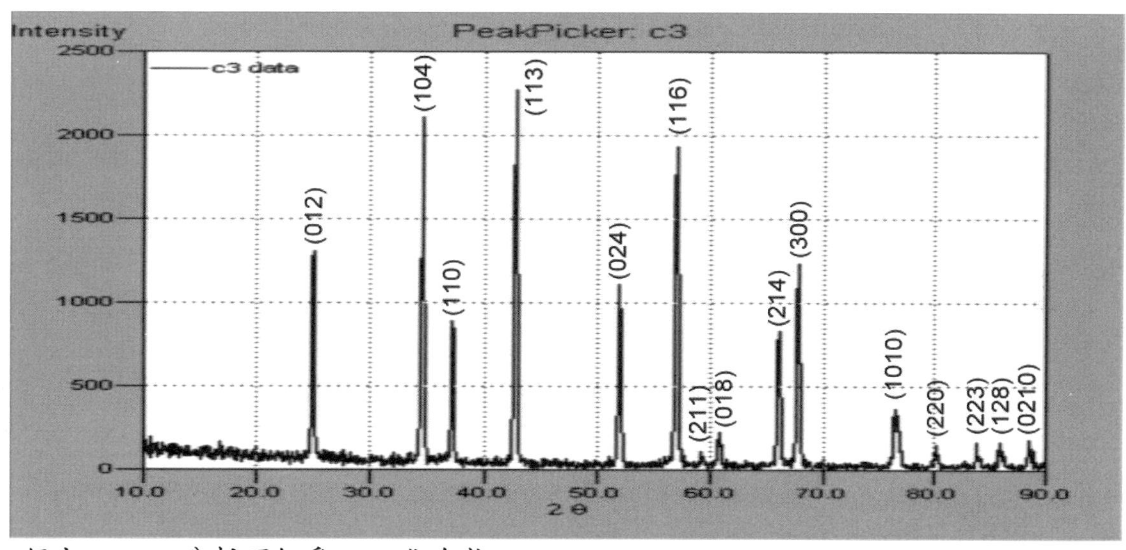

經由PC-PDF分析可知爲Al_2O_3化合物

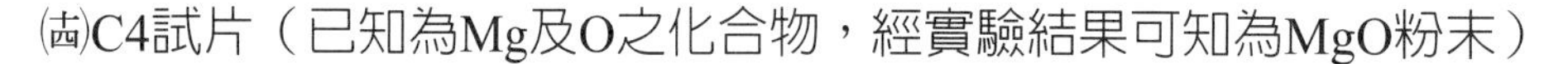

㈣C4試片（已知為Mg及O之化合物，經實驗結果可知為MgO粉末）

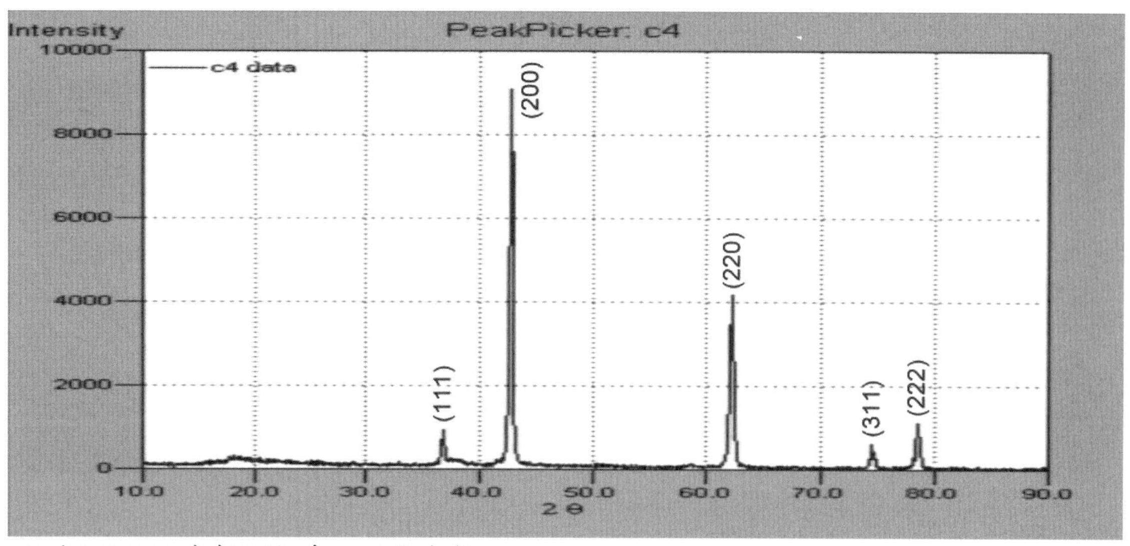

經由PC-PDF分析可知爲MgO化合物

㈤C5試片（已知為B及O之化合物，經實驗結果可知為B_2O_3粉末）

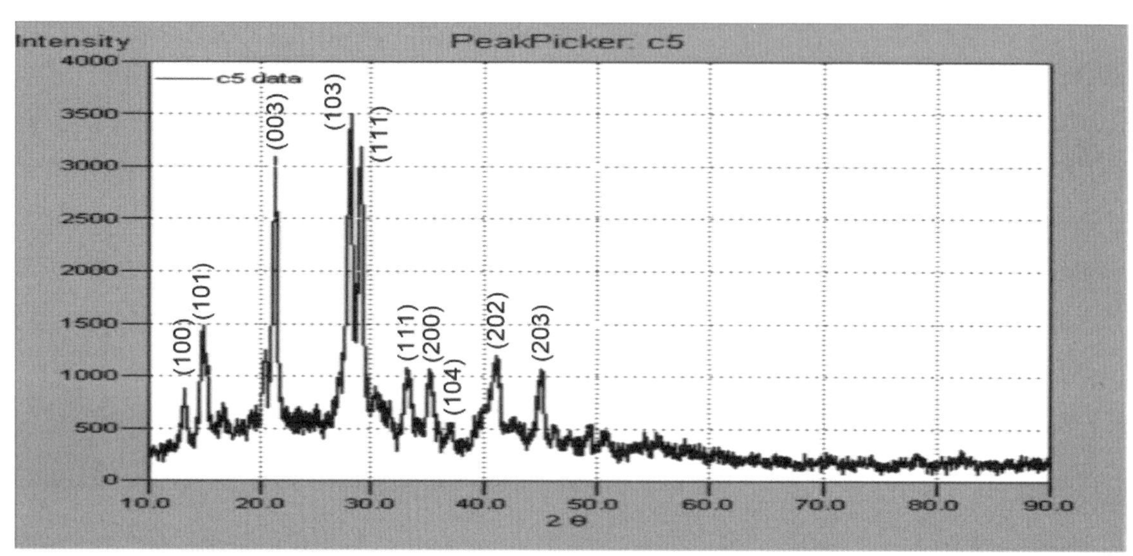

經由PC-PDF分析可知爲B_2O_3化合物

六、問題討論

㈠繞射波峰之半高寬與波峰粗大化代表何種意義？（半高寬比：可用來估算混合粉末之混合比。繞射波峰粗大化：代表晶體結晶化度劣化或是晶格發生扭曲。

㈡低角度與高角度波峰計算後之精準度有何不同？（高角度或是強度較高之繞射波峰所計算出之晶格常數較為準確。）

㈢玻璃進行X光繞射，其譜線會如何？

㈣要決定單晶材料的結晶方位，須使用X光繞射的那一種方法？

㈤掃描式電子顯微鏡附裝X光能量散失儀（EDX）分析材料成分與X光繞射儀（XRD）分析有何區別？

㈥X光繞射能否分析材料殘留應力？其基本原理為何？

㈦X光繞射儀（XRD）與X光螢光分析儀（XRF）均利用X射線分析材料成分，兩者有何不同？

㈧X光繞射儀分析材料成分除了本實驗的粉末樣品，可否使用塊材樣品？分析方法是否相同？

實驗八　熱分析

一、實驗目的

熱分析為一極重要的材料特性及製程分析技術，在材料科學與工程各領域的應用極廣，本實驗利用熱分析技術製作Pb-Sn合金二元相平衡圖，目的在於使學生熟悉熱分析技術原理及操作方法，並瞭解其應用。

二、實驗原理

示差掃描熱分析儀DSC（Differential Scanning Calorimetry）有兩個試料容器，分別可以裝置待測物（sample）及標準物（reference），而每一個試料容器有自己的加熱系統及測溫系統來偵測待測物及標準物的溫度。在設定的加溫（或降溫）過程中，儀器的溫控系統將兩者於測試的過程中一直保持相同的溫度，由於標準物並不會有反應，當待測物發生吸熱（放熱）反應時，待測物一側的測溫器會偵測出因吸熱（放熱）反應造成此處的溫度較標準物側的溫度低（高），因此，待測物端的加熱系統會較標準物側的加熱系統額外的多輸入（減少）一些熱量（以電流或電壓的變化），以增加（減少）待測物的溫度，如此可以保持兩者的溫度一致。而在測試過程中為保持兩者溫度相同，其所需在待測物端的額外增加或減少熱量就是待測物在測試過程中由於反應所造成的實際熱量變化。因此，DSC可以做反應或相變化等的定性及定量的實驗。

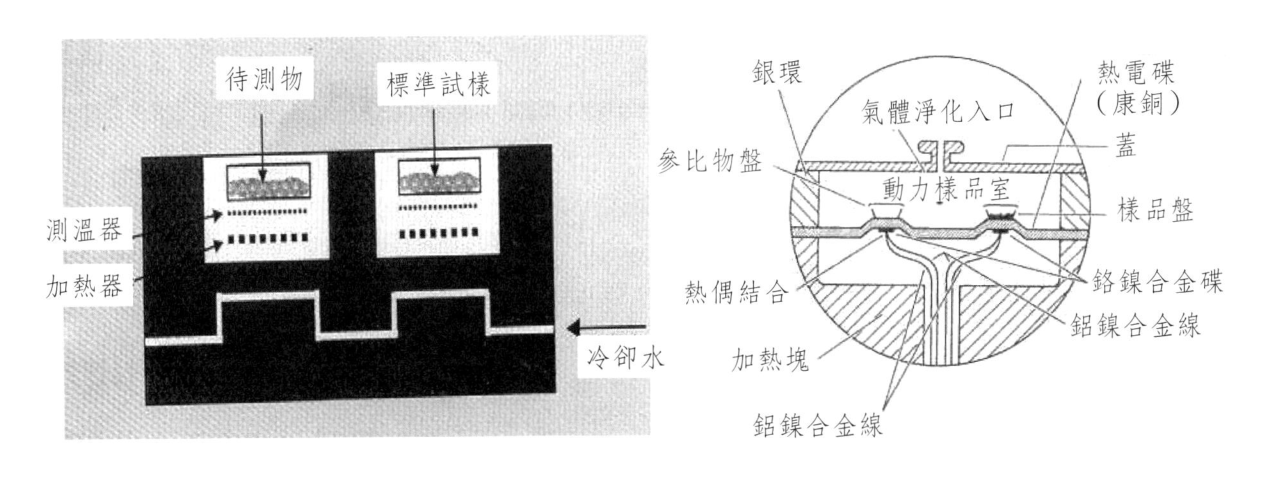

圖8-1　DSC結構示意圖

圖8-1顯示DSC的基本結構，在儀器中有兩個測試容器，可分別裝置待測物及標準試樣，此兩個測試容器的下端分別有一組測溫器與加熱器，測溫器與加熱器都是由白金（Pt）線作成，兩組加熱器可以分別對自己的試料容器加熱。由於DSC有時也必須快速降溫，因此，兩個測試容器也以冷卻水來作冷卻。此儀器本身由具有兩組溫度控制程

式,第一組主要是保持待測物與標準試樣之間的溫度平衡（null balance），第二組則是保持待測物及標準試樣的平均溫度與所設定的溫度一致，此兩組控制程式快速的來回變換，以求兩組容器的溫度與設定溫度保持相同。示差掃描熱量分析所量測的反應結果如圖8-2所示。縱座標顯示在一個熱變化的過程中，分析儀量測出的單位時間內的熱量變化（功率），由於儀器所量測的熱量變化是由待測物一方的加熱器補償待測物所需的熱量變化，因此對一個吸熱反應，待測物側的加熱器必須比標準試樣側的加熱器多加入熱量，因此，儀器所記錄的吸熱反應的圖形如圖8-2（a）所示，反之對一個放熱反應曲線則如圖8-2（b）所示。一般而言，熱差分析都是使用固定的升溫或是降溫過程，大都是由個人電腦做測試時的功率及溫度的控制與記錄。

示差掃描熱量分析儀器可以應用的範圍相的地廣，舉凡各種物質的反應或相變化具有吸熱或放熱反應，熱差分析儀器皆可以偵測得知其反應的起始溫度（onset temperature），且此反應熱量的大小，儀器可以做定量分析。可以分析的反應如金屬材料的合金熔融、凝固及熱處理析出過程、礦物的脫水反應、有機的熱聚合及硬化反應、陶瓷材料的相變化、玻璃材料的再結晶等。

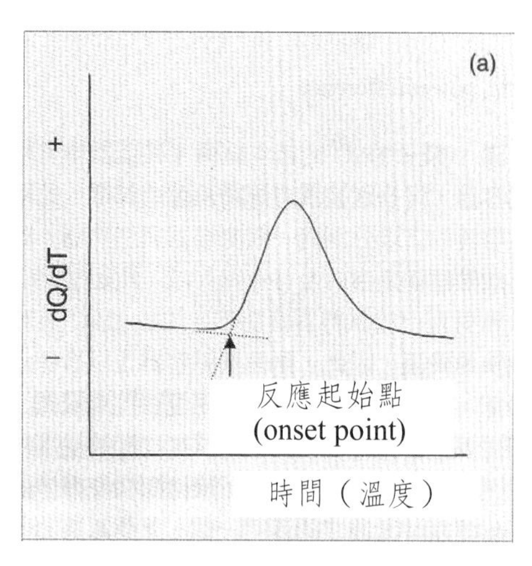

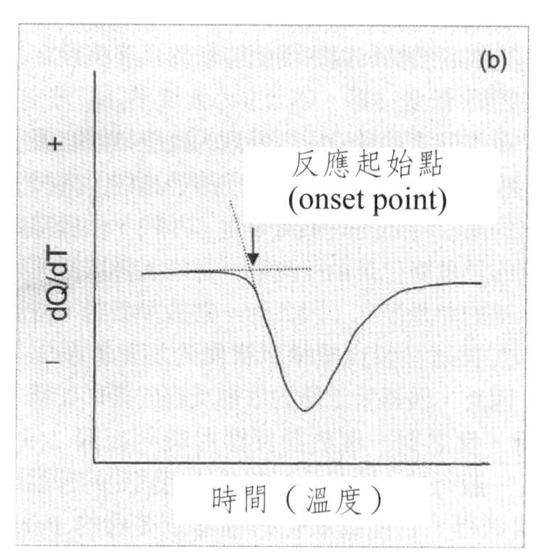

圖8-2　儀器所記錄的吸放熱反應的圖形：(a)吸熱反應；(b)放熱反應

相平衡圖的製作方法分為熱分析法（Thermal Analysis）、熱膨脹測定法（Dilatometry）、金相法（Metallographic Method）、X光繞射法（X-ray Diffraction Method）、電阻法（Electrical Resistivivity Method）等。相圖的製作常需配合數種方法才能精確做出，本實驗以熱分析DSC做為實驗，可以瞭解實驗材料的相變化。由於在不同相的時候，其熱焓有所不同因此等速升溫所需吸放熱有所不同，故可以判斷出不同相溫度區間。

量測溫度變化時，由於儀器的觀察而可能對結果產生影響也是相當重要的。任何儀器與樣品的接觸時必須是惰性的，才不致使反應的生成而有所影響，導致測量的失真，在高溫或金屬的反應時，更需注意到此影響。可以瞭解到為何高熔點合金量測的不確定性較高。此外，測量儀器必須與樣品之間有良好的熱接觸，才不致帶走大量的熱，影響樣品本身的反應。

正確的化學分析，在測定相圖時具有極度的重要性。不正確的化學分析，甚至比沒有分析還嚴重，因為此項分析可能造成極大的錯誤，甚至超過單從構成合金的成分含量計算出來的綜合分析（synthetic analysis），當化學分析（chemistry analysis）與綜合分析有差異時，即可用常識來判斷究竟何者較為正確。一般而言，只要是熟練的運用標準方法作出來化學分析，即可予以相當的採信，否則，只要化學分析與綜合分析不相吻合，則顯示其不穩定性，而減低了我們對此一數據的可信度。

有時候我們發現合金的成分在再熔（remelting）或熱處理時，由於選擇性氧化（selective oxidation），以及一種或多種成分的蒸發（vaporization），合金成分往往也跟著改變，因此在進行實驗時，我們必須時時注意狀況的調整，以避免成分的改變。如果無法做到這一點，重複的取樣與分析就變得十分必要了。另一個問題，就是受測物質的純度與最初組成（initial composition）的維持。我們應該瞭解，只有最純的金屬才能作為分析之用，至於不同的合金所能容許的純度極限，都是由實際的經驗來決定的。有時候，一點點的雜質都會變得十分嚴重。除非再製造與操作合金時能一直維持其純度，否則，僅僅使用高純度的金屬並無太大的功效。

當金屬在熔融狀態時，任何與其接觸的東西，都可能成為合金污染的來源。選擇坩堝時必須極端小心，使其具有不溶性，同時不與合金發生反應為佳。坩堝與合金的作用經常是導致實驗失敗的原因。即使沒有明顯的事實證明坩堝與合金間的作用，我們也無法絕對保證沒有污染的情形。當無法得到適當的坩堝時，我們往往將普通的坩堝塗上一層惰性的材料。

從空氣造成的污染往往容易被忽視而經常造成錯誤。在少數極端的情形下，就因為吸附空氣中的雜質，使得液相線溫度較正常情形低了數百度。一般而言，此一影響多半不致如此嚴重，而僅侷限於合金中一個或幾個成分元素的選擇性氧化，由此改變合金的組成。欲防止空氣污染，可將合金表面加蓋一層物質，在低熔點的金屬表面加蓋一層油或者在鈍氣氬、氦中試驗亦可。真空熔解與熱處理分析則較為冒險，因為除非成分物質的蒸氣壓很小，合金的成分往往無法維持定質，至於減低蒸氣損失，則可以利用加入鈍氣或選擇適當的掩蓋物質以達成之。

三、實驗設備及材料

本實驗所使用示差掃描熱分析儀（DSC）如圖8-3所示。

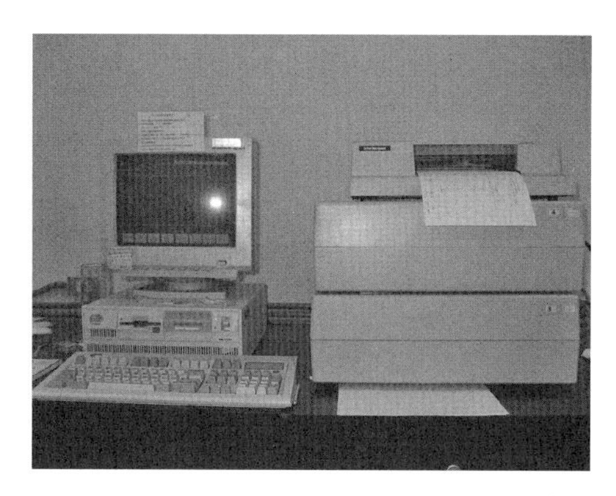

圖8-3 示差掃描熱分析儀（DSC）

實驗材料的各種組成之Pb-Sn合金 ，利用熱分析儀器觀察在不同溫度的相變化，並繪成相平衡圖，試片種類列於表8-1。

表8-1 本實驗各種組成Pb-Sn合金

（wt%）	1	2	3	4	5
Pb	100	80	60	37	0
Sn	0	20	40	63	100

四、實驗方法及步驟

㈠放置試片

1. 試片要求重量在8~20mg間，試片的實驗條件由室溫實驗至400℃，等速加溫速率為10℃/min。
2. 將試片秤重，放在cell中壓成碟型（sample cell）
3. 裝上DSC cell，旋上釘子
4. 將Bass上之旋鈕調至DSC，Bass line在4.9
5. 放置sample：
6. 打開兩個蓋子

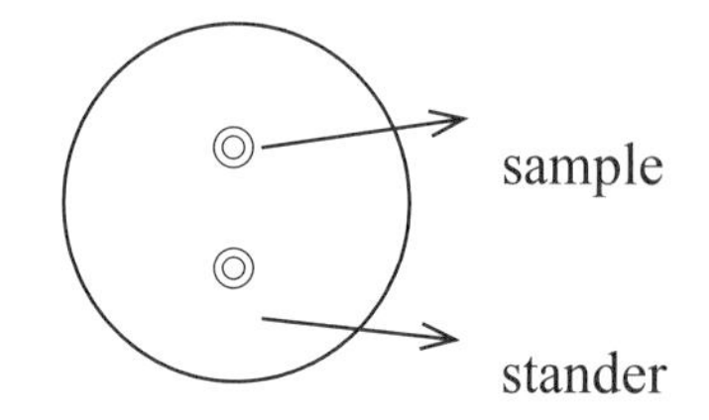

7. 蓋上蓋子
8. 罩上玻璃罩

㈡儀器操作

1. F_{12} （Instr Control）
2. sample檔名及重量：F_4（Go to Experiment Parameter）→ F_1（sample Info）→ 修改 → F_8（Accept）
3. 升溫條件和範圍：F_4 → F_2（Go to Method Editor）→ 選擇及修改 → F_8

開始：F_{12}（回主畫面）→ F_1（start）

4. 顯示圖形：F_{12}（主畫面）→ F_5（Go to Realtime Plot）→ F_1（Plot Params）→ F_6（Auto Scale）→ F_1（start）→ ESC → F_5
5. 分析數據：F_{11}（Data analysis）→ F_1（Get new Program）→ 選擇DSC-4.0 → F_8 → F_3（選擇檔案）→ F_1（No Limit）→ 分析

五、問題討論

㈠指出實驗中所配製的Pb-Sn合金的相變化溫度？

㈡與相圖比較其實驗結果的誤差？

㈢討論其誤差可能的原因？

㈣升溫速率的不同對於結果有何變化？

㈤說明本實驗示差掃描熱分析（DSC）與熱差分析（DTA）技術原理有何不同？

㈥除了本實驗DSC，還有那些熱分析技術？

㈦說明熱分析技術製作相平衡圖的基本原理。

㈧示差掃描熱分析升溫及降溫過程所得到曲線是否相同？為什麼？

實驗九　腐蝕電化學分析

一、實驗目的

金屬腐蝕試驗採用一般重量損失法有許多問題，電化學技術分析腐蝕特性具有精確性、靈敏性及連續性之特色，為現今腐蝕研究及材料保固不可或缺的分析技術，本實驗目的在於使學生瞭解電化學技術量測金屬材料腐蝕特性之原理及儀器操作。

二、實驗原理

㈠腐蝕形態

腐蝕可被定義為材料受到外在環境的化學侵蝕而導致的破壞現象。腐蝕型態可以藉由其材料破損的外觀加以辨識（圖9-1所示），這些不同類型的腐蝕破損之間彼此都有某種程度的相關及區別，甚至同時發生。針對各種腐蝕的型態及其機制說明如下

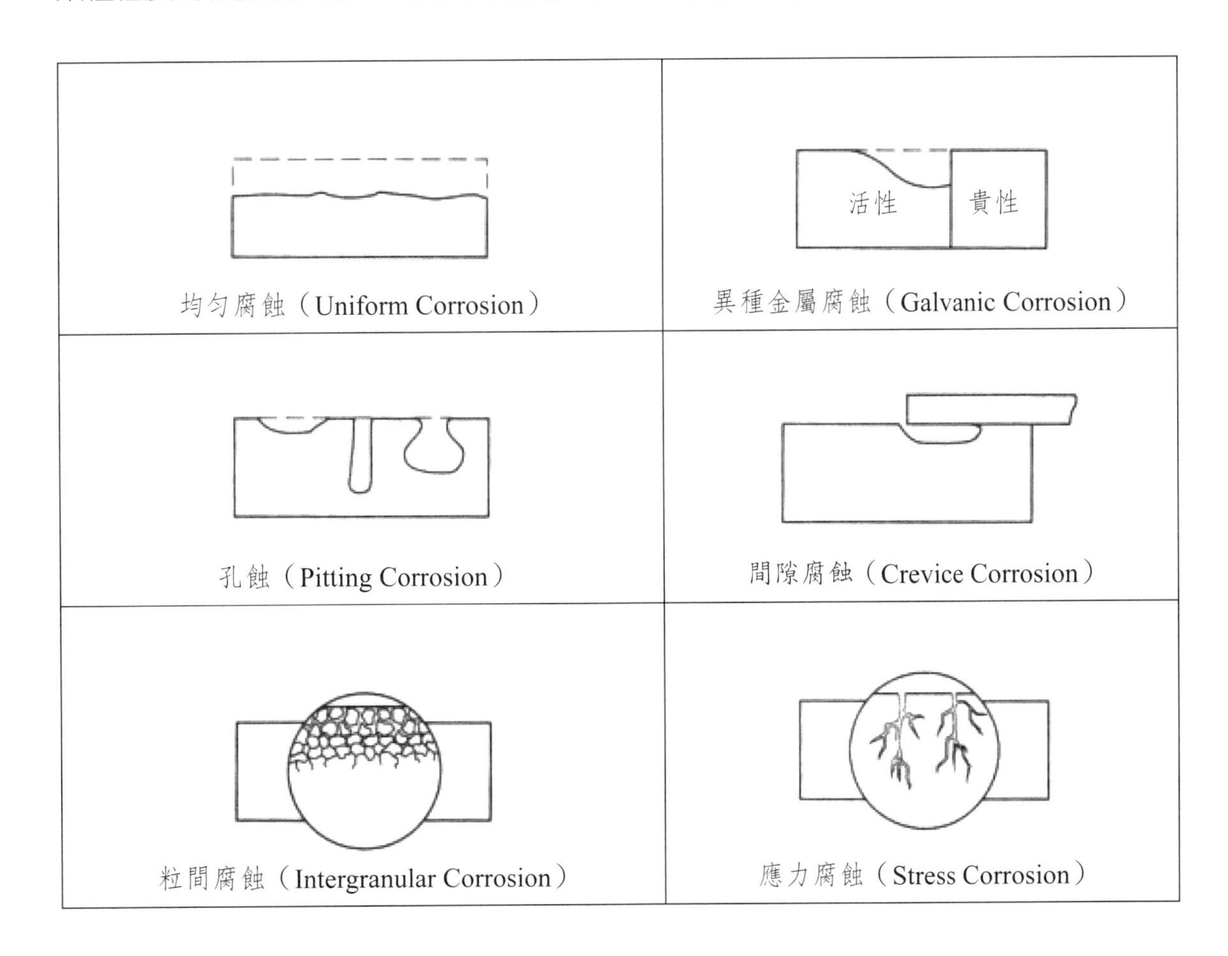

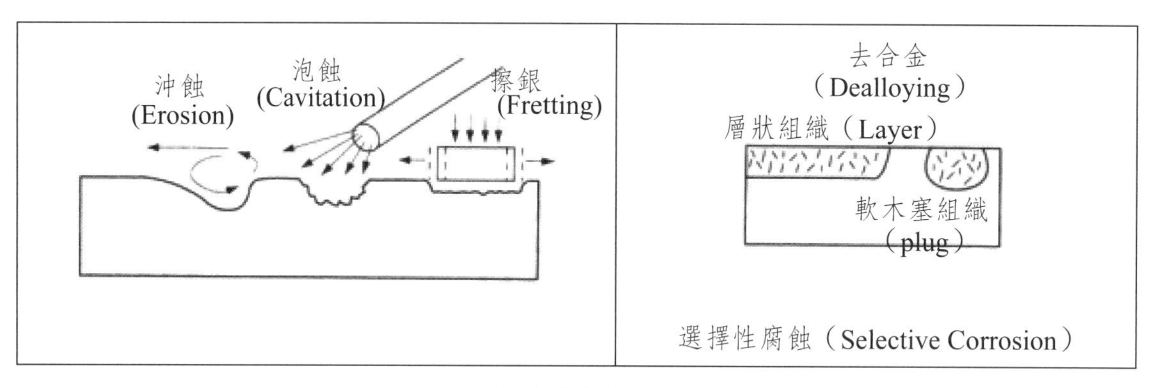

圖9-1　腐蝕型態的種類

1.**均勻腐蝕**（Uniform Corrosion）

均勻腐蝕是指當金屬處於腐蝕環境時，金屬整個表面會同時進行電化學反應。就重量而言，均勻腐蝕是金屬所面臨的最大腐蝕破壞，尤其是對鋼鐵來說。然而，它很容易藉由保護性鍍層、抑制劑及陰極保護等方法來控制。

2.**異種金屬腐蝕**（Galvanic Corrosion）

由於不同金屬具有不同的電化學電位，因此當要將不同金屬放在一起時，必須格外小心，以免電位較活性的金屬產生加速腐蝕現象。異種金屬腐蝕的另一個重要考慮因素是陽極與陰極的比率，也就是面積效應（area effect）。陰極面積大而陽極面積小是一種不利的面積比率，因為當某特定量的電流經過偶合金屬時，例如不同尺寸的銅極及鐵極，小電極的電流密度會遠大於大電極，因此小陽極將會更嚴重腐蝕。所以大陰極面積對小陽極面積的情形應儘量避免。

3.**孔蝕**（Pitting Corrosion）

孔蝕是會在金屬上產生空孔的局部腐蝕類型。此類型的腐蝕若造成貫穿金屬的孔洞，則對工程結構會有相當的破壞效果。但若沒有貫穿現象，則小蝕孔有時對工程設備而言是可接受的。孔蝕通常是很難檢測的，這是因為小蝕孔常會被腐蝕生成物覆蓋所致。另外蝕孔的數目及深度變化也很大，因此對孔蝕所造成的破壞不太容易做評估。也因為如此，由於孔蝕的局部本質，它常會導致突然不可預測的破壞。蝕孔會在腐蝕速率增加的局部區域發生。金屬表面的夾雜物，其他結構不均勻物及成分不均勻處，都是蝕孔開始發生的地方。當離子和氧濃度差異形成濃淡電池時也可產生蝕孔。

4.**間隙腐蝕**（Crevice Corrosion）

間隙腐蝕是發生於間隙及有停滯溶液之遮蔽表面處的局部電化學腐蝕。若要產生間隙腐蝕，必須有一個間隙其寬度足夠讓液體進入，但卻也可使液體停滯不流出。因此，間隙腐蝕通常發生於開口處只有數微米或更小寬度的間隙。

5.**粒間腐蝕**（Intergranular Corrosion）

粒間腐蝕是發生在合金晶界及晶界附近的局部腐蝕現象。在正常情況下，若金屬均勻腐蝕時，晶界的反應只會稍快於基地的反應。但在某些情況下，晶界區域會變得很容易起反應而導致粒間腐蝕，如此會使合金的強度下，甚至導致晶界分裂。

6.**應力腐蝕**（Stress Corrosion）

金屬的應力腐蝕破裂（SCC）是指由拉伸應力及腐蝕環境結合效應所導致的破裂。在SCC期間，金屬表面通常只受到很輕微的侵蝕，但局部裂縫卻很快沿著金屬橫斷面傳播。產生SCC所需的應力可以是殘留應力或施加應力。裂縫會開始於金屬表面上的蝕孔或其他不連續處。在裂縫開始成長時，其尖端會開始向前，此時作用在金屬上的拉伸應力會在裂縫尖端處形成高應力，當裂縫尖端向前傳播時，在裂縫尖端處也會產生電化學腐蝕而使陽極金屬溶解。裂縫會沿著垂直於拉伸應力的方向成長，直到金屬破壞為止。若應力或腐蝕其中任一停止，則裂縫將停止成長。

7.**沖蝕**（Erosion）

沖蝕腐蝕可被定義為由於腐蝕性流體與金屬表面相對運動而導致金屬腐蝕速率加速的現象。當腐蝕性流體的相對運動速率相當快時，機械磨擦效應將會相當嚴重。沖蝕腐蝕的特徵為金屬表面具有與腐蝕性流體流動方向相同的凹槽、蝕孔與圓孔等。

8.**選擇性腐蝕**（Selective Corrosion）

選擇性腐蝕是指固體合金內某一特定金屬被優先去除的腐蝕過程。此類型腐蝕最常見的例子是黃銅內之脫鋅作用（Dezinãfication）。

㈡腐蝕速率之測試

1.**電化學測試法**（Electrochemical Tests）

恆電位（potentiostatic）或動電位（potentiodyhamic）極化法是目前最常被使用的電化學分析技術。圖9-2為它的工作原理示意圖，其中包括恆電位儀（potentiostat）、工作電極（working electrode, WE）、參考電極（reference electrode, RE）、輔助電極（counter electrode, AUX）。

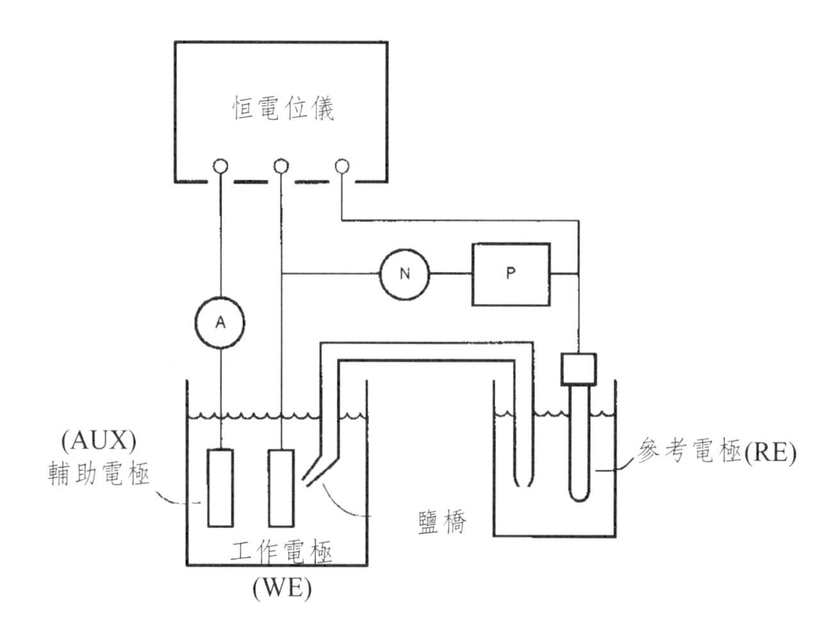

圖9-2　電化學分析技術的工作原理示意圖

工作電極為欲量測的試片，參考電極的功用是量測試片在目前環境下的電位，種類有飽和甘汞電極（calomel electrode）、銀／氯化銀電極（Silver-Silver Chloride）、銅／硫酸銅（Copper-Copper Sulfate）、標準氫電極（Standard hydrogen electrode）等，而輔助電極功用為與試片形成迴路供電流導通，通常是鈍態的材料，如白金或石墨。整個實驗的過程中，輸出的電流、電壓大小，由恆電位儀（potentiostat）來控制（如圖9-3所示），圖9-4為一般實驗所用的五口瓶示意圖，而圖9-5為本實驗所設計的實驗試瓶。

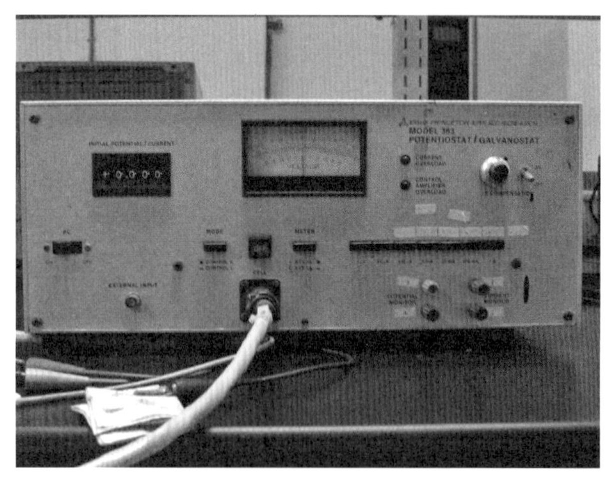

圖9-3　恆電位儀（potentiostat）

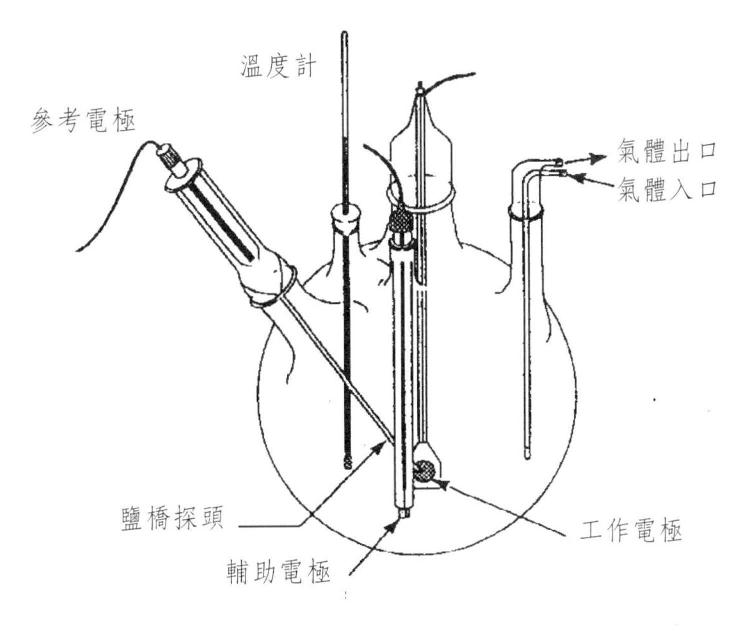

圖9-4　腐蝕電化學實驗常用的五口瓶示意圖

圖9-5　本實驗所設計的實驗試瓶

2.**參考電極**

一般電化學實驗的參考電極採用甘汞電極（calomel electrode），包括一飽和的氯化亞汞（甘汞），含已知氯化鉀濃度的溶液接觸的汞（如圖9-6所示），甘汞半電池可以表示如下：

$$Hg \mid Hg_2Cl_2\ (sat'd), KCl\ (xM)\ \|$$

其中x表示溶液中氯化鉀的莫耳濃度。這半電池的電極電位可由下列來決定：

$Hg_2Cl_2(s) + 2e^- \leftarrow\text{- - -}\rightarrow 2Hg(l) + 2Cl^-$

且隨氯離子濃度x而定。因此，在描述這電極時必須特別標示此量。飽和甘汞電極（SCE）被分析化學家廣為使用，因為它製備容易。但和其他甘汞電極比較起來，它的溫度係數較大。另一個缺點是當溫度改變時電位要達到另一個新的值很慢，因為要讓氯化鉀溶解平衡重新建立所需要的時間較長。飽和甘汞電極在25℃時的電位為0.2444V。

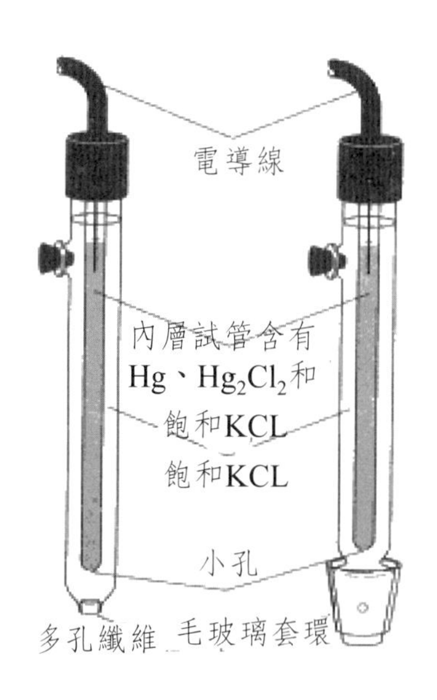

圖9-6　甘汞電極種類

3.**參考電極使用時之注意事項**

在使用參考電極時，內部的液體應保持在樣品溶液之上，防正電極溶液受污染，其原因是由於分析液與銀或汞（I）離子反應而造成接面處的阻塞。接面處的阻塞或許是造成在電位分析測定上異常電池行為的最常見來源。由於電極液面高於分析物液面，些許樣品的污染是無可避免的。在大多數例子中，污染物的量很小而可忽略。在測量如氯、鉀、銀和汞離子時，前處理常是必須的，以免於此誤差的來源。一個常見方法是插入第二鹽橋在分析物與參考電極之間，此鹽橋應含有非干擾的電解質，如硝酸鉀或硫酸鈉。

由恆電位或動電位極化法紀錄實驗過程中，電位值或電流值之變化情形，可得一典型的極化曲線，如圖9-7，圖中曲線可分為陰極極化曲線（cathodic polorization）與陽極極化曲線（anodic polorization），陰極極化曲線代表整個實驗過程中，氫氣的還原：$2H^+ + 2e^- \rightarrow H_2$，而陽極極化曲線為金屬的氧化（試片）$M \rightarrow M^{n+} + ne^-$。

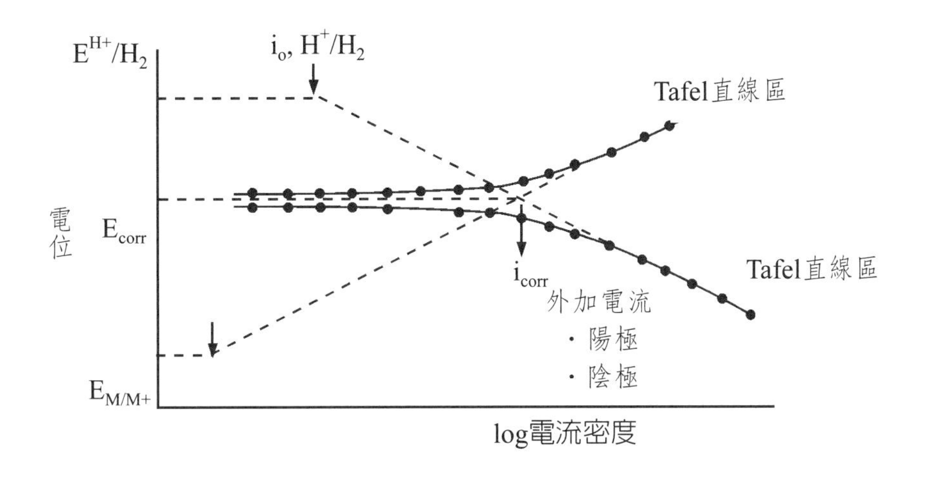

圖9-7　典型的極化曲線

陰極極化曲線與陽極極化曲線的交點為金屬的腐蝕電位（Ecorr）即為金屬開始發生腐蝕的電位；腐蝕電流的求得有兩種方法：塔弗外插法（Tafel extrapolation）和線性極化法（linear polarization）又稱為極化電阻法（polarization resistance），塔弗外插法在腐蝕電位±50mv區域附近，可得一線性區域，稱為塔弗直線區（Tafel region），陰極與陽極極化曲線的塔弗直線區切線（βa、βc）外插交於橫軸，即為腐蝕電流（Icorr），可代表腐蝕速率。

然而，大部分的情況並不是如此單純，在腐蝕電位±50mv的極化曲線區域，可能不是線性關係，所以可以使用第二種方法－線性極化法，在低電流時，電壓與電流的對數有塔弗公式的線性關係，而在電流更低時，大約在腐蝕電位±10mv的範圍內，外加電壓與電流密度也會呈線性關係，如圖9-8，可由下列公式來表示，由此可求得腐蝕電流（Icorr）。

$$R_p = \frac{\Delta E}{\Delta I} = \frac{\beta a \cdot \beta c}{2.3Icorr(\beta a + \beta c)}$$

Rp：極化電阻
βa：陽極曲線塔弗斜率
βc：陰極曲線塔弗斜率

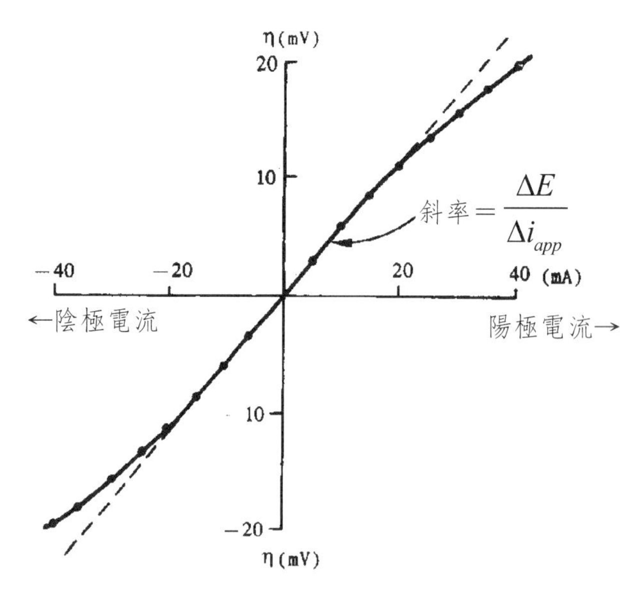

圖9-8 線性極化曲線

三、實驗設備及材料

以電化學分析法量測碳鋼、304不鏽鋼、黃銅金屬在不同環境下的腐蝕速率。實驗設備及材料：恆電位儀、玻璃瓶、參考電極（甘汞電極）、白金線、化學藥品（NaCl）、碳鋼片、不鏽鋼片、黃銅片。

四、實驗方法及步驟

㈠研磨：將試片研磨至砂紙＃2000，並將試片吹乾（勿以手指接觸試片）。

㈡工作電極的製備：使用甘汞電極做為實驗的參考電極，添加飽和的氯化鉀溶液至適量。

㈢將參考電極、輔助電極（Pt）、工作電極依序放入玻璃瓶中，並調整其相對位置。

㈣注入食鹽水（NaCl-3.5wt%）模擬金屬在海水中的腐蝕環境。

㈤在開始動電位極化測試法之前，先測量試片的開路電位，然後設定掃描範圍並紀錄之。

㈥將實驗數據繪製成電壓與電流的對數關係圖，求出腐蝕電位（Ecorr）、腐蝕電流（Icorr）。

五、問題討論

㈠求出碳鋼、304不鏽鋼、黃銅在食鹽水（NaCl-3.5wt%）的腐蝕電位及腐蝕電流？

㈡分辨碳鋼、304不鏽鋼、黃銅在海水中是何種腐蝕型態？

㈢判斷出這三種金屬在海水中是否有鈍態區，如何區別出此鈍態區域？

㈣利用電化學方法分析腐蝕較一般重量損失法有那些優點？

㈤線性極化法分析腐蝕速率的原理為何？

㈥比較線性極化法與Tafel外插法分析腐蝕速率的優缺點。

㈦為何電化學技術分析腐蝕反應常採用定電位法（Potentiostat），但分析電鍍反應常採用定電流法（Galvanostat）？

㈧由極化曲線可以得到那些腐蝕特性資料？

實驗十　超音波檢測

一、實驗目的

本實驗主要在於瞭解超音波檢測原理及超音波檢測儀的操作，同時經由缺陷偵測之應用，熟悉超音波探傷之使用規範，包括：CNS Z8052 脈波反射式超音波檢驗法通則及CNS Z7053超音波檢驗用A1型標準規塊。

二、實驗原理

一般人耳可聽到的頻率為20Hz~20KHz。超過20KHz稱為超音波。音波為質點的震動，在物體中傳播時，能量遇到不均勻的介質均會產生反射、折射及繞射的現象。超音波檢測便是利用此原理來偵測材料內部的缺陷。其具有以下特性：

1.波長較短且音束指向性好

2.反射特性強

3.傳播特性佳

4.波形轉換特性

超音波在彈性介質傳播時，視介質質點的震動形式與超音波傳播方向的關係，可以把超音波波動分為以下三種波形：

⑴縱波：質點震動方向與超音波傳播方向相同，又稱為壓縮波或疏密波。

⑵橫波：質點震動方向與超音波傳播方向垂直，又稱為剪力波。

⑶表面波：表面波主要是指超音波沿著介質表面傳遞。

超音波產生的方式有很多種，例如機械衝擊或摩擦等方式。目前最常見的方式是以壓電材料製作探頭，利用材料的形變來產生超音波。因為這種材料的特性就是沒有對稱中心，因此造成陰離子和陽離子無法表現出中和的特性，於是導致電偶極矩的存在。能表現出較強電偶極矩的材料包括水晶、鈮酸鋰、硫酸鋰、鈦酸鋇極及複合物、鋯鈦酸鉛及其複合物。

壓電材料產生的變形有很多種，一般最常見的是壓電薄片的厚薄變化。當施加某一方向之電壓於壓電材料時，其厚度變小，當電壓相反時材料則變厚。

當壓電薄片以一正負交替的電壓通過時，會產生連續厚薄變化。如果將壓電薄片置於物體表面並施予適當壓力，然後外加一正負交變的電信訊號，則其厚薄變化會造成對物體表面的連續壓縮，而這種壓縮波會由物體表面向內傳送，成為產生超音波的方式。一般超音波的基本記號示於表10-1。圖10-1為各種典型的超音波探傷檢測實例。

表10-1　超音波基本記號

	脈波及回波名稱	記號
探　傷	發信脈波	T
	缺陷回波	F
	底面回波	B
	側面回波	W
	境界面回波	I
	表面回波	S
	不明回波	X
標　準 缺　陷	標準試片橫孔回波	H
	標準試片縱孔回波	V

註：超音波之縱波傳播路線以實線（——）表示之
　　超音波之橫波傳播路線以虛線（------）表示之
　　超音波之表面波傳播路線以曲線（-··-··-）表示之

使用例1

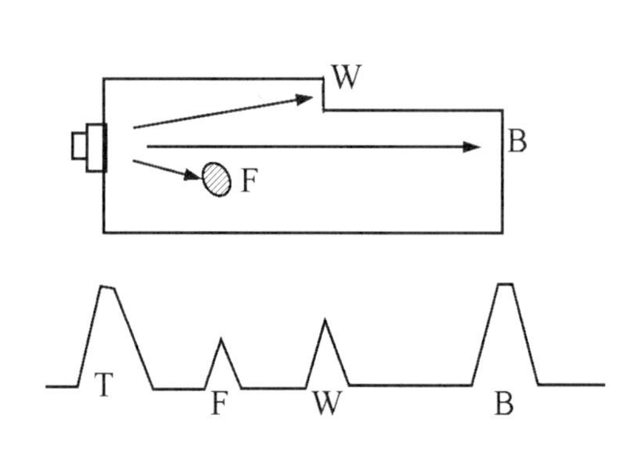

使用例2
（水浸法）

水
槽
S
F
B

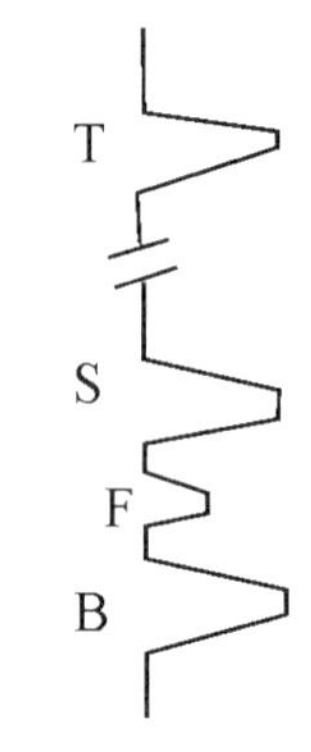

使用例3
（斜角探傷法）

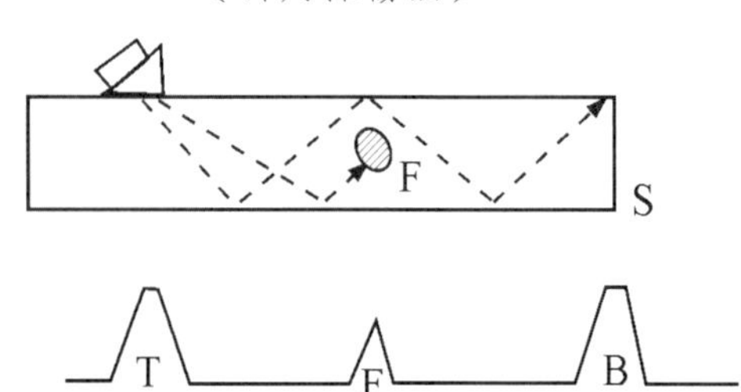

使用例4
（表面波探傷法）

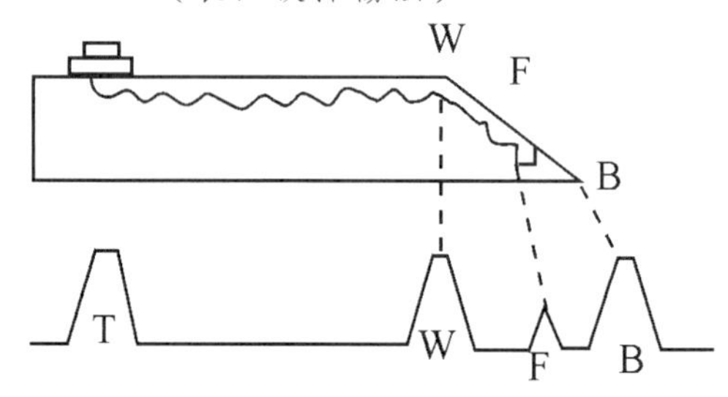

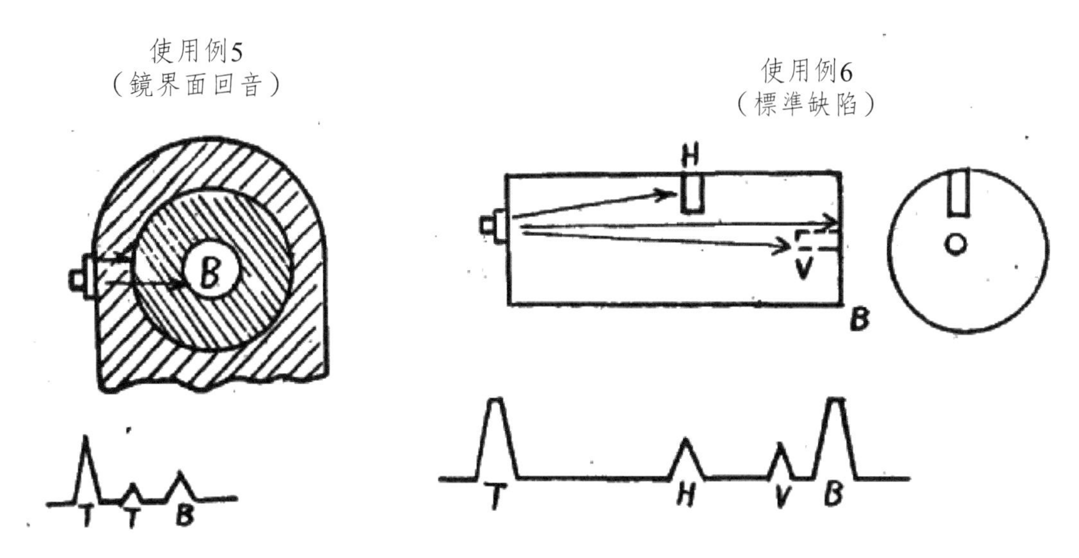

圖10-1　超音波檢測探傷實例

超音波檢測的方式可分成下列幾種：

1. 直束法：對於被檢物尺寸較厚而對稱、表面平坦者，以直束換能器接觸被檢物檢驗面掃描檢驗。螢幕時間軸至少應調整能涵蓋整個檢驗距離。
2. 斜束法：對於被檢物因形狀限制、製造方法、瑕疵存在位置等關係如：鑄件、管件等，需以斜束換能器接觸被檢物檢驗面掃描檢驗。螢幕時間軸至少應調整能涵蓋整個檢驗距離。
3. 水浸法：對於被檢物因形狀限制、厚度薄、表面粗糙或大量製造等，因換能器直接接觸面受限、檢驗速度、經濟性等關係，需以水浸換能器作全水浸或局部水浸掃描檢驗。應用本方法水需乾淨且無氣泡，以防傳送損失且靈敏度降低。水浸直束法之被檢物第一次回波（S1）宜歸零，第二次表面回波（S2）要比被檢物第一底面回波（B1）還要挪後，且音束必須與檢驗面垂直。
4. 雙晶法：被檢物厚度薄、要求精度高、檢驗表面近層、衰減大，需以雙晶換能器接觸被檢物檢驗面掃描檢驗。螢幕時間軸至少應調整能涵蓋整個檢驗深度。

超音波檢測方法的選定除了要考慮規範或標準之外，需考慮下列因素：

⑴檢查物本身材質或製造時所產生缺陷分佈的情況。
⑵被檢物之表面狀況（包含形狀、清潔度）。
⑶換能器接觸面積的大小。
⑷檢驗時精密度的要求。
⑸檢驗經濟性。
⑹儀器本身的限制。

三、實驗設備

㈠超音波檢測儀（圖10-2）

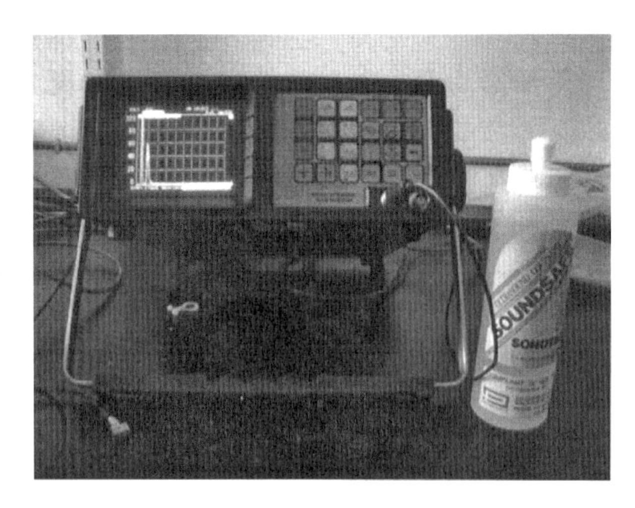

圖10-2　實驗用超音波檢測儀及耦合劑

㈡高頻纜線

連接檢測儀和換能器的檢測纜線，其斷面如圖10-3所示。

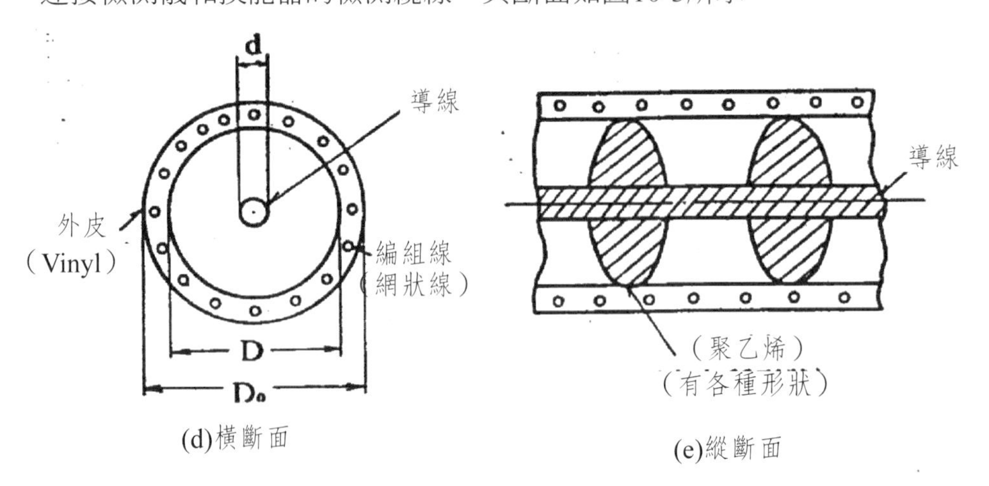

圖10-3　高頻電纜線斷面

㈢規塊

1.圖10-4為超音波探傷檢測用A1型標準規塊（STB-A1），其材質需符合CNS2947〔焊接結構用軋鋼料〕中之SM400或SM490〔細晶粒全淨鋼〕，並經正常化或淬火回火之熱處理，且不得有殘留應力影響異向性，造成超音波傳播異常。塞入規塊孔徑Φ50mm中的合成樹脂須符合CNS2228〔一般用丙烯酸甲酯樹脂板〕，厚度為23mm，且其後的縱波傳遞時間應與50mm厚的軟鋼相同。

2.標準規塊的主要用途為

(1)設定檢測靈敏度及檢測範圍。

(2)測定斜束換能器之入射點及折射角。

(3)評鑑斜束換能器及超音波檢測儀系統之特性。

單位：mm

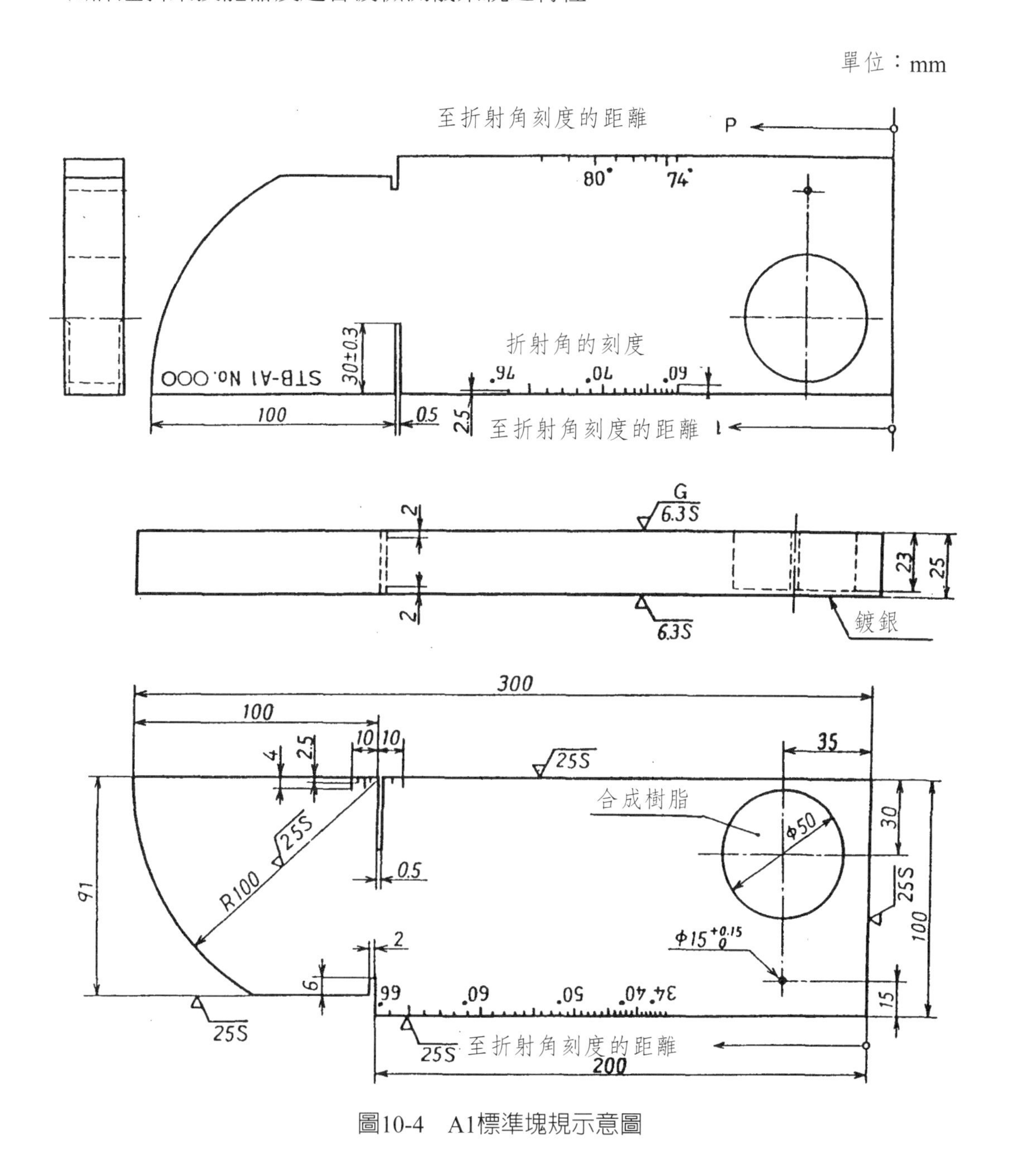

圖10-4　A1標準塊規示意圖

㈣耦合劑

在檢測時於探頭和檢測物表面添加甘油、油脂等物質，藉以趕走空氣，避免音波能量損失而以較佳的傳送效率進入檢測物內部。常用的耦合劑及其優劣的比較如表10-2所示：

表10-2 耦合劑的比較

名稱	適用範圍	優點	缺點
水	鋼板、鋼胚	1.良好的流動性、經濟性 2.常用於水浸法	1.水浸法時，需經加熱去除氣泡 2.易使受檢物生鏽 3.垂直或仰吊時，檢測效果不佳
機油	機械加工後之鍛鋼品、鑄鋼品及焊道	1.適當的流動性及潤滑性 2.防鏽性	1.油價較高 2.鏡面檢測時滑移不易
甘油	鋼板焊道及鋼鑄品	1.適當的流動性及潤滑性 2.音阻抗較高	1.價格昂貴 2.易生鏽
由脂	粗造的鑄造面或鍛造面	1.對粗造面附著力強 2.良好潤滑性 3.防鏽性	1.價格昂貴 2.流動性差
合成漿糊	鋼板焊道、鋼胚	1.去除簡單 2.經濟 3.潤滑性佳	1.流動性差 2.易生鏽
水玻璃	鑄造面、鍛造面	1.潤滑性佳 2.價廉 3.音阻抗性高	1.流動性差 2.去除困難

㈤人工缺陷塊規

圖10-5為一人工缺陷塊規，以304不銹鋼製成。縱向為缺陷的大小共三種，橫向為缺陷的深度，從0.05到1.25in共10個。總共有30個人工缺陷。

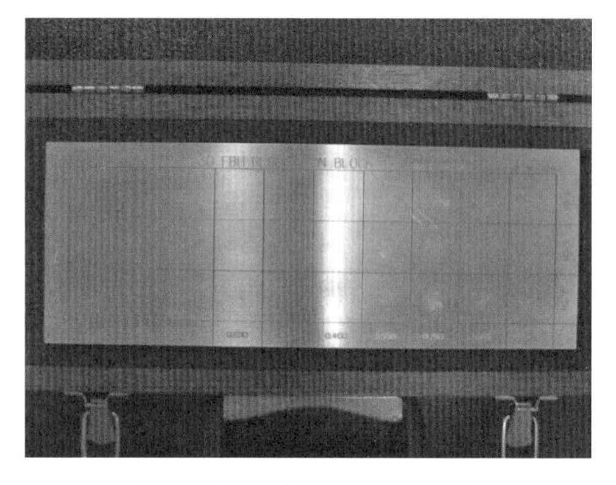

圖10-5 人工缺陷塊規

四、實驗方法及步驟

㈠A1標準規塊檢測

A1標準規塊的厚度為25mm，寬度為100mm，藉此來校正儀器的精確性，其中包含了一個厚度相同的合成樹脂。在探測前將耦合劑均勻塗抹在探頭和待測物之間，確定兩者之間沒有氣泡，以免影響檢測的結果。

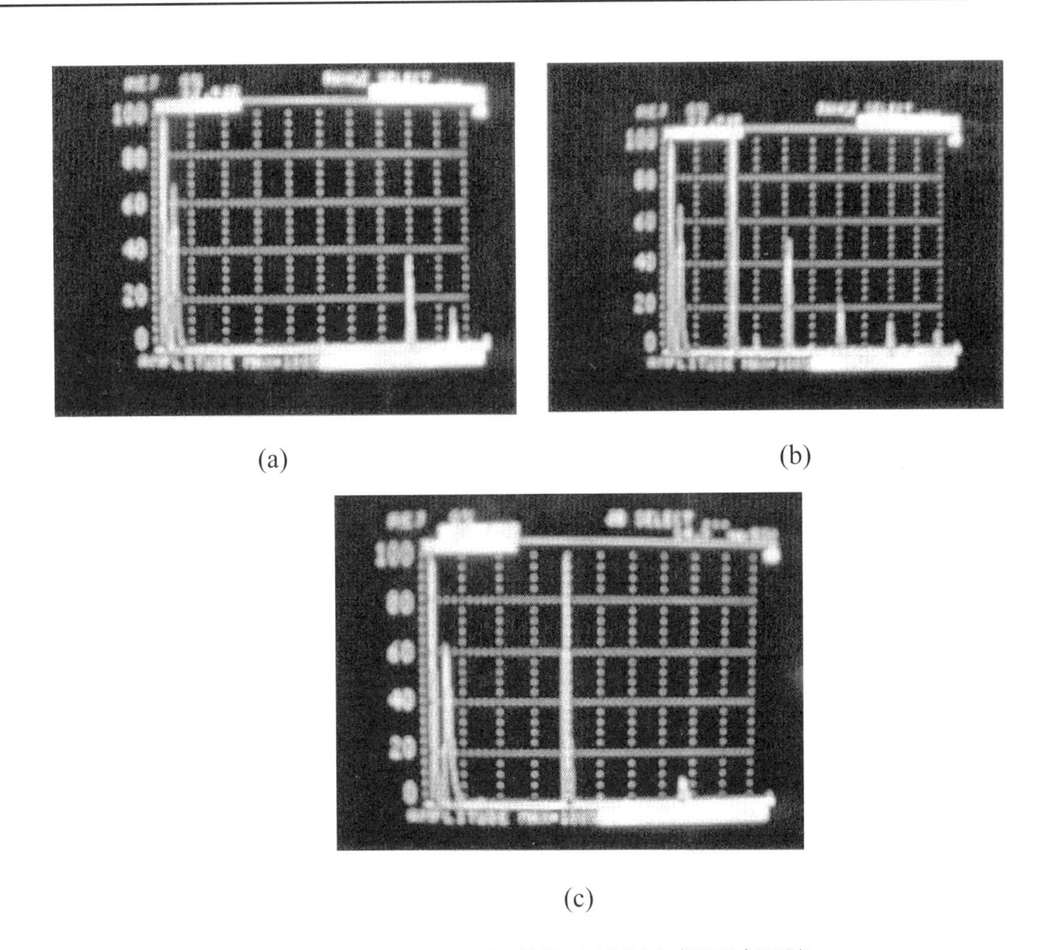

(a) (b)

(c)

圖10-6　A1標準規塊檢測之超音波訊號

先在螢幕上調整出5個回波（如上圖10-6所示），一個回波的厚度是25mm（兩個刻度）。

量測A1規塊的寬度，所出的回波有8個刻度，所以是25×4＝100mm。這個動作是來調整儀器的精確性。以相同的條件，在合成樹脂做實驗，所以證明在不同介質中音波傳播的速率並不相同。

㈡缺陷的檢測

以其中一個缺陷為例，測試不同缺陷的深度。其超音波的訊號如圖10-7所示，圖10-7(a)為不含缺陷材料之超音波訊號，圖10-7(b)至10-7(d)顯示不同缺陷深度之超音波訊號。

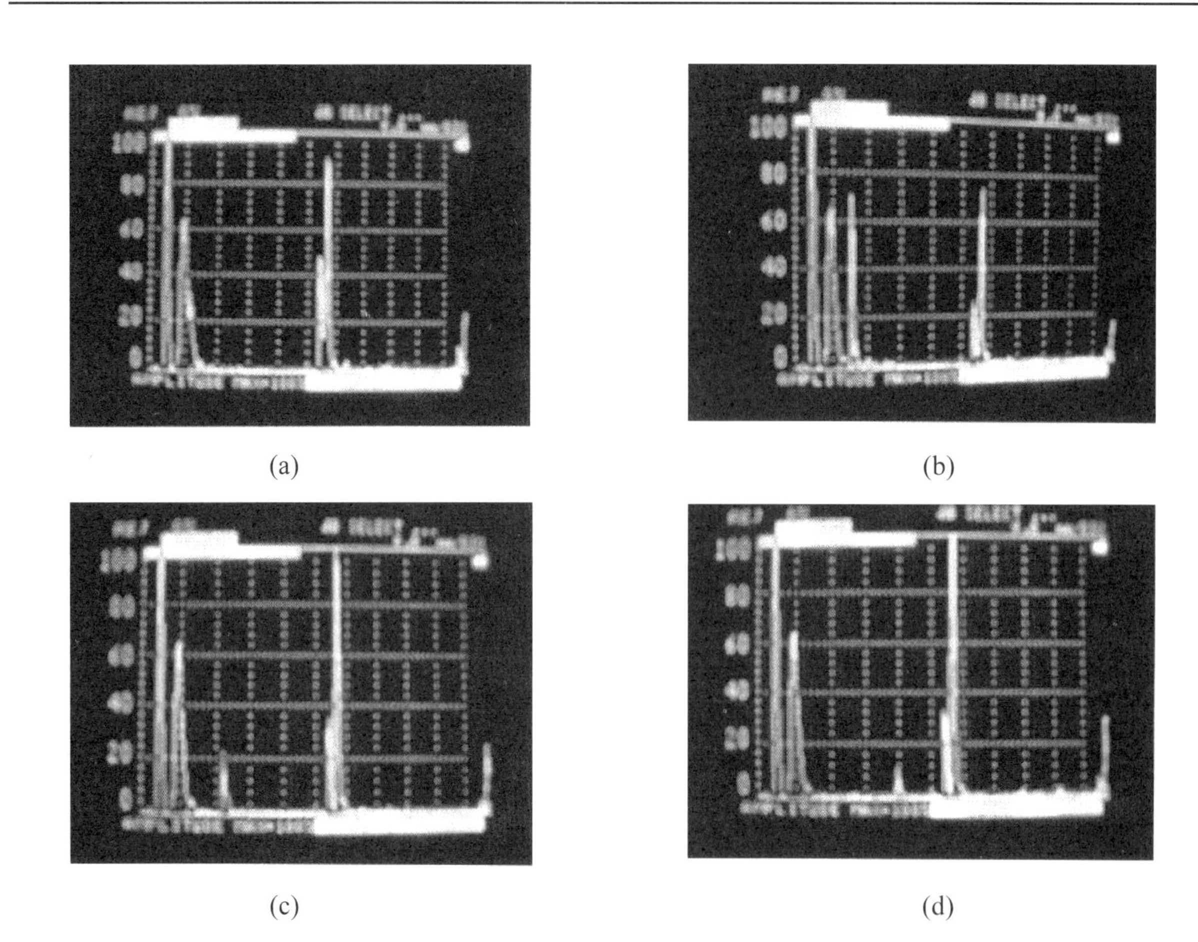

圖10-7　超音波檢測缺陷訊號

五、問題討論

㈠超音波檢測的波形有那幾種？其波速分別為何？

㈡金屬、精密陶瓷及水泥質材料的超音波檢測所採用頻率有何差別？為什麼？

㈢超音波除了用於缺陷波檢測，還有那些材料分析用途？

㈣超音波檢測模式可分為A掃描、B掃描及C掃描，試說明其檢測方式。

㈤利用A掃描超音波檢測可以得到缺陷位置，是否也可以獲知缺陷尺寸?

㈥說明超音波量測材料彈性係數之原理。

㈦說明超音波量測材料韌性之原理。

㈧說明超音波量測材料殘留應力之原理。

實驗十一　渦電流檢測實驗

一、實驗目的

本實驗目的在於熟悉渦電源檢測原理及渦電流儀的基本操作，使學生可以正確分析渦電流信號，並且學習一些渦電流檢測的應用實例。

二、實驗原理

當一線圈通以電流時會產生一感應磁場，其磁場的方向會隨著交流電方向的改變而不斷改變。當此線圈接近導電體時，導體內部的電子，由於磁場的改變會生成一感應電流，此感應電流又會產生一磁場來抵抗原先的磁場，此現象稱之為冷次定律。這些電子會以環狀形式運動，稱之為渦電流。渦電流的流動方向與線圈方向平行，且為一封閉曲線。其流動方向與交流磁場方向垂直並隨交流電流之磁通改變而呈反方向流動，所以其頻率與所通交流電的頻率相同。而渦電流的產生是由磁場改變所生成，故直流電源並無法生成渦電流。且能生成渦電流者，必須為能導電的導體。

導體感應生成的渦電流主要集中在物體表面，此現象稱為集膚效應。而渦電流密度會隨著深度的增加而遞減，當電流頻率增加時，電流在導體的透入深度會逐漸減少，在非常高的頻率下，渦電流會被限制於導體外層。

渦電流密度會隨著試片深度的增加而遞減，而當渦電流密度減至表面的37％時，此深度稱為標準透入深度。標準透入深度為訊號頻率、材料導電率、導磁率之函數，其關係式如下：

$$\delta = 0.564 \times (f \times \mu \times \sigma)^{0.5}$$

δ：標準透入深度(meter)

f：線圈頻率（Hz）

μ：材料之導磁率（Henry/meter）

σ：材料之導電率(Mho/meter)

在進行渦電流檢測時有些變數會影響其檢測之訊號結果，這些變數包含材料本身的性質及檢測時之操作條件。

㈠導電率

導電率為電阻率的倒數，單位是$(\Omega \cdot m)^{-1}$，對於非鐵磁性材料，導電率對渦電流有很大的影響，高導電率材料會在表面生成較強的渦電流，而對於低導電率之材料，其渦電流隨深度的減低則較為緩和。

㈡導磁率

對於鐵磁性材料，表面所生成感應磁場的強度，會隨著導磁率的增加而增加。而高導磁率的透入深度則低於低導磁率材料。在檢測鐵磁性材料時，只要些微的導磁率改變就會影響到訊號的結果，故在針對鐵磁性材料的渦電流檢測時，通常會進行磁飽和的動作，將其影響減至最低。

㈢尺寸因素

試片的大小、厚度、形狀及所含缺陷將會影響渦電流的檢測訊號。

㈣檢測條件

其他影響渦電流檢測的變數還包括使用頻率、磁耦合、環境因素等。

三、實驗設備

㈠渦電流檢測儀

本渦電流儀（如圖11-1所示）可檢測包含表層與次表層之缺陷檢測、導電率檢測、塗層、表面厚度檢測及管件檢測等，可同時顯示被測物及參考物訊號，所以可即時作合格與不合格之比較。在檢測時，可使用雙頻操作模式，結合了2個不同頻率的訊號以消除不必要的訊號。此外，其使用頻率從100Hz到6MHz，故可檢測從一英吋鋁板的大缺陷到超合金飛機引擎材料的缺陷。

㈡檢測線圈

渦電流檢測線圈主要可分為表面探頭線圈、外繞線圈與內繞線圈三種：

1.**表面探頭線圈（如圖11-2所示）**

線圈置放在被檢物表面上檢測之一種線圈，通常用來檢測平板或被檢物表面。一般而言，表面線圈體型較內、外繞線圈微小，檢測時與檢測物接觸較密合，所以具有良好之鑑別率及靈敏度，但在檢測時速度較慢。

2.**外繞線圈（如圖11-3所示）**

此種線圈檢測時環繞在被檢物上，能涵蓋住整個式樣，檢測速度相當迅速。

3.**內繞線圈（如圖11-4所示）**

內繞線圈通常用於檢測管件內部或物件之內部孔洞。

㈢比較規塊

1.**管件比較塊規**

檢測管件用比較塊規可參考圖11-5，其直徑(D)及管厚(t)應根據被檢物尺寸決定

圖11-1　渦電流檢測儀

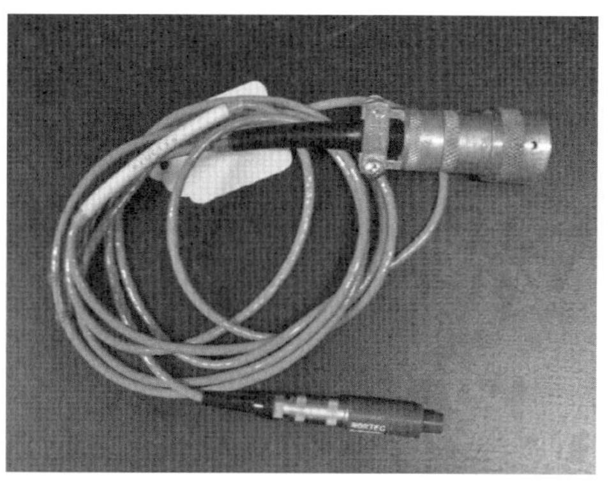

圖11-2　表面探頭線圈

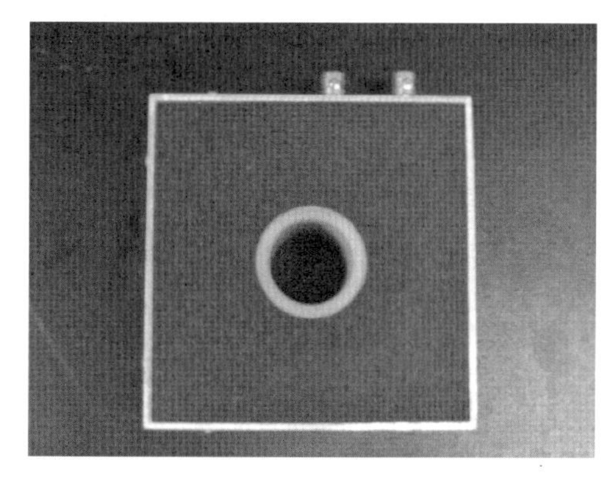

圖11-3　外繞線圈

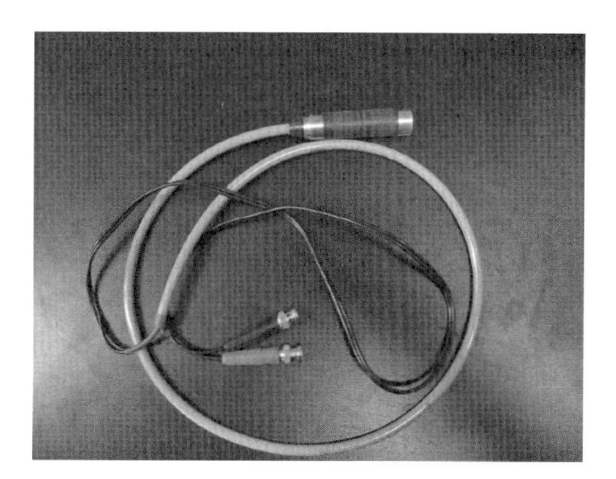

圖11-4　內繞線圈

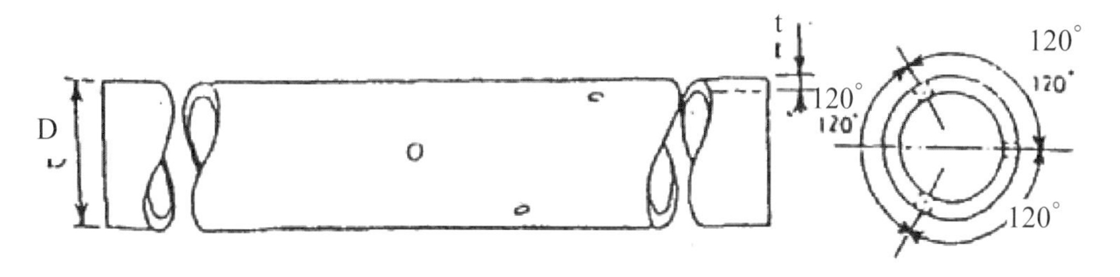

圖11-5　檢測管件用比較塊規

2.平面比較規塊

檢測平面用比較塊規可參考圖11-6。

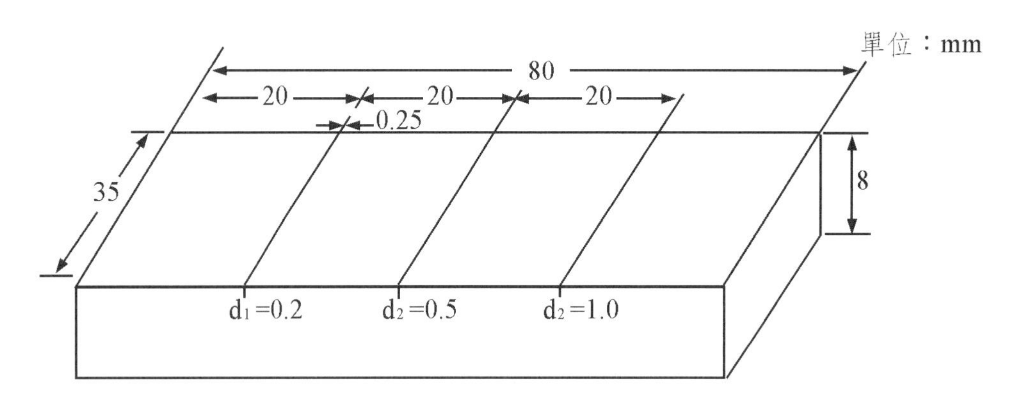

圖11-6 平面比較規塊

1.**缺陷比較塊規**

可採用天然或人工缺陷，其瑕疵種類如表11-1所示。

表11-1 渦電流檢測人工及天然缺陷塊規

<table>
<tr><th colspan="2">瑕疵種類</th><th>形狀</th><th>應規定之尺度</th></tr>
<tr><td rowspan="4">人工瑕疵</td><td rowspan="2">槽</td><td>方形槽</td><td>長、寬、深</td></tr>
<tr><td>V形槽</td><td>長、寬、角度</td></tr>
<tr><td rowspan="2">鑽孔</td><td>貫穿孔</td><td>孔徑</td></tr>
<tr><td>平底孔</td><td>孔徑、深度</td></tr>
<tr><td colspan="2">天然瑕疵</td><td>裂縫、夾渣、氣孔</td><td>瑕疵種類及尺度</td></tr>
</table>

四、實驗方法及步驟

(一)參考相關使用規範(1)CNS Z8068非破壞檢測詞彙；(2)CNS Z8051渦電流檢測法通則。

(二)依相關規範選定檢測設備與條件。

(三)受檢物的表面處理。

(四)選用合適的線圈及渦電流儀。

(五)決定檢測條件（頻率、距離…等）。

(六)比較規塊的校準。

㈦檢測、紀錄及評斷瑕疵等級。

五、檢測範例

㈠利用外繞式線圈以頻率80kHz檢測2種不同成分之鋼環，作為材質分選，可幫助區分同種材料及異種材料。圖11-7為其檢測用的線圈及鋼環，圖11-8則為檢測後的訊號顯示，由圖可知，對於不同材料其產生之訊號將不盡相同，藉此可用來區分二種不同的材料。

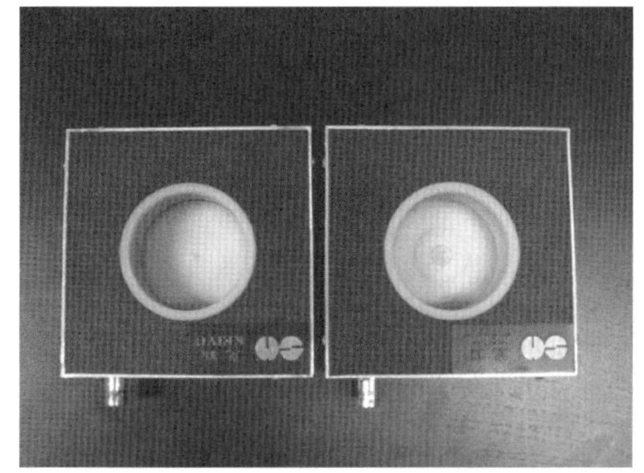
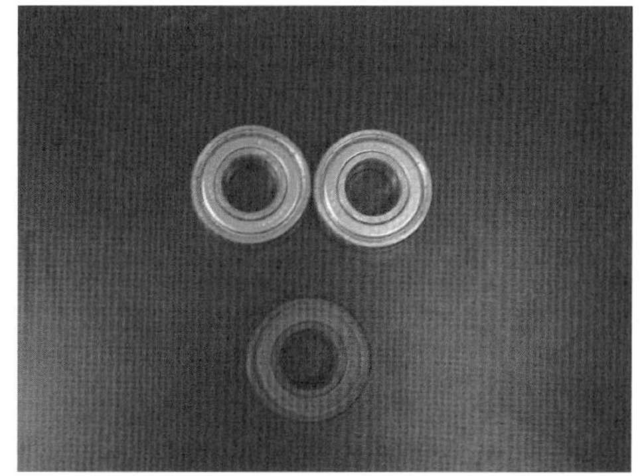

圖11-7 渦電流檢測外接式線圈

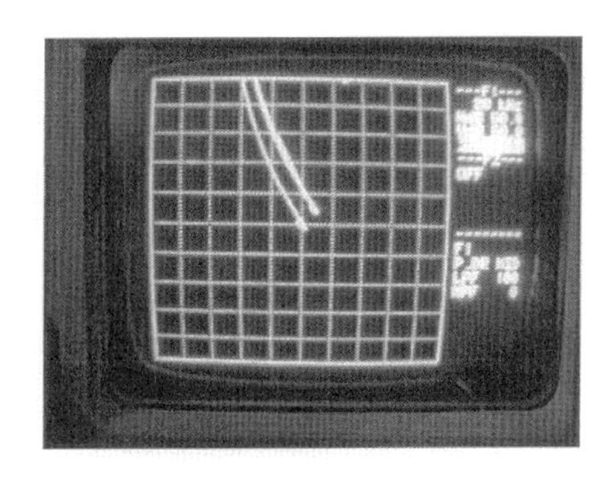

圖11-8 渦電流檢測兩種不同成分鋼圈之訊號

㈡利用內繞式線圈以頻率80kHz檢驗人工管件缺陷。管件缺陷如圖11-9所示，共有5個缺孔，分別為20％、40％、60％、80％、100％的穿孔率。其檢測後之訊號如圖11-10所示。

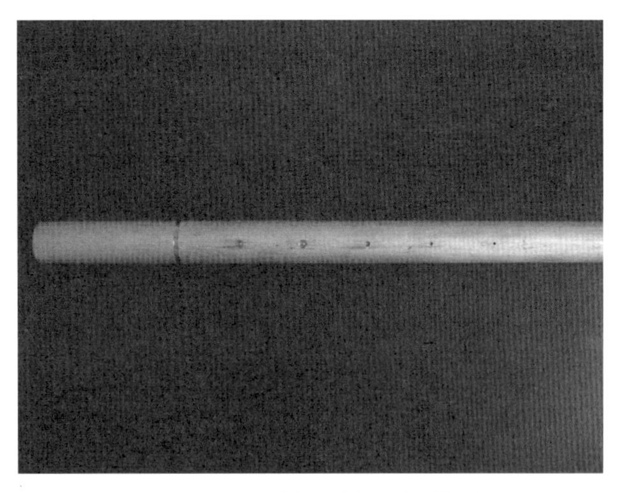

圖11-9　渦電流檢測人工管件缺陷

20％穿孔率孔洞　　40％穿孔率孔洞

60％穿孔率孔洞　　80％穿孔率孔洞

100％穿孔率孔洞　　　　全部孔洞

圖11-10　渦電流檢測人工管件缺陷之訊號

㈢利用表面探頭以頻率80kHz檢驗平板刻槽規塊。平板刻槽規塊如圖11-11所示，刻痕分別為0.25、0.50、1.00mm。其檢驗後訊號如圖11-12所示。

圖11-11　渦電流檢測平板刻槽規塊

0.25mm　　　　0.50mm　　　　1.00mm

圖11-12　渦電流檢測平板刻槽規塊之訊號

㈣利用表面探頭以頻率80kHz量測不同材料之導電率。圖11-13為其訊號平面圖，以Frrrite為中心，往下依序為304不鏽鋼、Cu-Ni合金、鎂、7075-T6鋁合金、7075-0鋁合金。

圖11-13 渦電流檢測不同導電率材料之訊號

六、問題討論

㈠渦電流檢測適用材料有何限制？

㈡渦電流檢測頻率對檢測結果有何影響？

㈢渦電流的透入深度與那些參數有關？

㈣說明渦電流產生的原理。

㈤渦電流檢測可用於螺絲釘混料篩檢，為什麼？

㈥如果缺陷位置很深，能否使用渦電流檢測。

㈦比較各種非破壞性檢測方法的優缺點。

㈧針對不同導電率及導磁率之材料，其渦電流檢測訊號有何變化？

實驗十二　濕潤性量測

一、實驗目的

本實驗使用真空紅外線加熱爐熔融鉛錫合金與純錫在銅基板與鎳基板上，利用液態焊錫表面與固態基板表面之間之夾角大小分析軟焊填料的潤濕性。

二、實驗原理

在焊接物件時，無論使用軟焊（Soldering）或硬焊（Brazing）都必須使用熔融金屬濕潤且擴展到固體表面才能有效進行接合。軟焊通常是指溫度低於400℃以下進行焊錫與基材接合過程，硬焊則指400℃以上的接合製程，在軟焊與硬焊過程中，潤濕性（Wetting）可藉由熔融焊錫本身在固體基材表面之間的夾角來表示，一般稱之為潤濕角（Wetting angle）或接觸角（Contact angle）、兩平面夾角（Dihedral angle），通常以符號〝θ〞表示，如圖12-1所示，θ越小表示潤濕效果越佳。

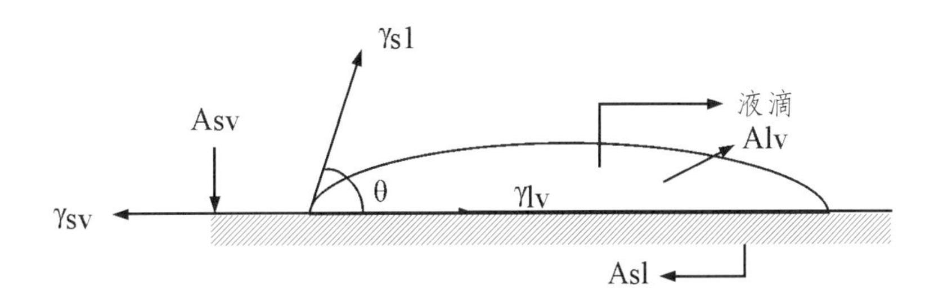

圖12-1　熔融焊錫與基材間之表面張力示意圖

理論上，潤濕效果可分為4種，如圖12-2所示：

㈠不潤濕（non-wetting）：θ接近於180度，焊錫完全不與金屬基材發生反應，理論上會呈現圓球形，但在重力作用下則呈現略微橢圓形狀。

㈡部分潤濕（partial-wetting）：θ接近0至180度之間，此焊錫與金屬有潤濕，但接觸角越接近180度潤濕效果越不好。

㈢去潤濕（de-wetting）：初期焊錫與金屬表面有產生潤濕現象，但當溫度降低時，卻回復不潤濕現象，此乃由於焊錫與金屬之間沒有生成鍵結，或形成不潤濕的介金屬層。

㈣完全潤濕（full-wetting）：為最理想的潤濕現象，此時θ接近於0度，其金屬表面需要維持相當乾淨。

關於潤濕現象的描述，可藉由固—液—氣三相之間表面張力加以解釋，下列公式為

Young's Equation 描述三個表面張力的平衡關係：

$$\gamma_{sg} - \gamma_{lg}\cos\theta - \gamma_{ls} = 0 \text{ 或 } \cos\theta = \left(\gamma_{sg} - \gamma_{ls}\right) / \gamma_{lg}$$

其中γ_{sl}、γ_{lg}、γ_{sg}分別為固-液、液-氣、固-氣三個界面的表面張力，而θ為潤濕角。如果要獲得良好的潤濕效果，由（Young's Equation）式可知γ_{sg}值要變大，γ_{sl}與γ_{lg}值要減少，造成潤濕角θ降小，潤濕性增加。而影響潤濕性的因素有：

㈠焊錫與基材本身的物性。

㈡焊錫與基材在軟焊過程中的界面反應。

㈢軟焊進行溫度。

㈣基材表面的清潔度及去氧化程度。

㈤助焊劑的選用。

除了前三項與所選定的材料有關外，後兩項則與所選用的助焊劑有關。因為環境污染及氧化問題會降低基材之表面能（γ_{sg}），故必須使用助焊劑以去除基材表面的油污及氧化物，另外添加助焊劑可增加熱能傳遞，使熱能快速由焊錫傳導至基材表面，而提高潤濕性。助焊劑一般分為二類，如表12-1所示。

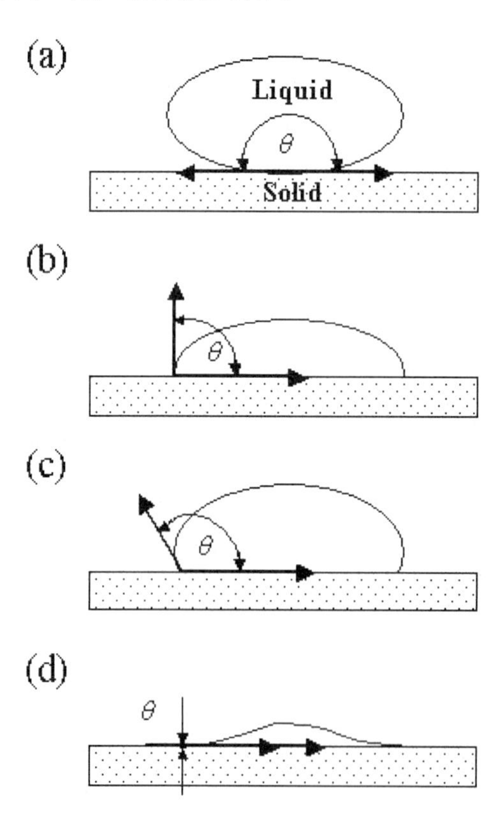

圖12-2　四種潤濕角的型態：(a)不潤濕（non-wetting）；(b)部分潤濕（partial-wetting）；(c)去潤濕（de-wetting）；(d)完全潤濕（full-wetting）。

表12-1　一般助焊劑種類

種類	組成	特性
無機類（inorganic material）	無機酸、無機鹽類及無機氣體等所組成	優點：可快速清除基板表面之污染物及氧化物，熱穩定性佳，且易溶於水，其去除較易。 缺點：易導電，故有相當腐蝕性，使用上受限制。
有機類（organic material）	不含松香（without rosin）:有機酸、有機鹵素及胺類等所組成	優點：不具腐蝕性。 缺點：去污速度、功效及助焊性較無機類差。
	含松香（with rosin）	優點：具有非導電性，不易潮濕性以及非腐蝕性，為目前所廣泛使用之助焊劑。 缺點：助焊性質較差，需另添加活性煤（Activator）以增加助熔性。

三、實驗設備

㈠真空紅外線加熱爐：以紅外線加熱器為熱源，其升溫速度快，可在短時間將試片由室溫加熱至所需反應溫度，在實驗過程中利用機械幫浦使反應腔體（Chamber）維持在 10^{-3} torr，以減少試片氧化程度，反應完成後利用載台水冷系統，將試片快速冷卻至室溫以避免反應持續進行，如圖12-3所示。

㈡攝影系統：用來將反應過程記錄下來，觀察其潤濕角變化情形，並拍照紀錄，如圖12-4所示。

㈢研磨拋光機

㈣量角器

圖12-3　接觸角量測儀

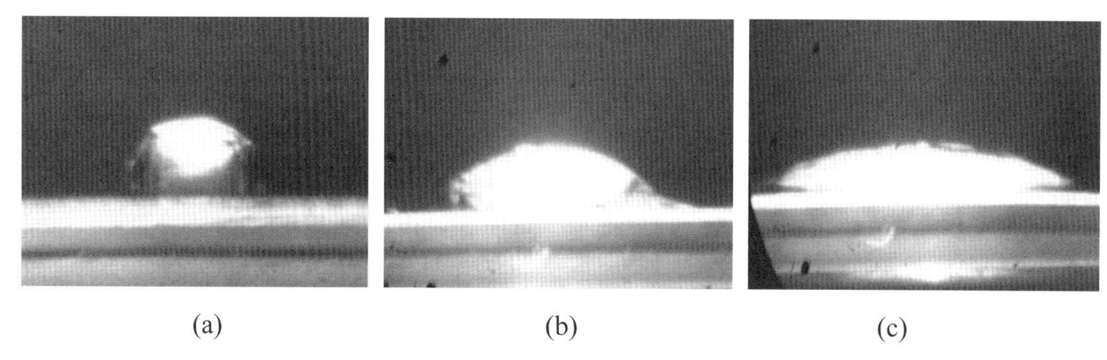

圖12-4　典型的接觸角變化影像：(a)SnPb/Cu；(b)Sn/Ni；(c) SnPb/Ni

四、實驗材料

㈠鉛錫合金（Tm=183℃）。

㈡純錫（Tm=231℃）。

㈢鎳基板。

㈣銅基板。

㈤#240、#400、#600、#1000、#1500之碳化矽砂紙。

㈥1 μ m與0.3 μ m之氧化鋁粉末。

㈦助焊劑。

五、實驗方法

㈠準備試片：將兩種金屬基材銅及鎳表面研磨拋光以去除表面氧化物及污染物，再以超音波震盪機清洗試片表面。

㈡在銅及鎳基材表面上沾滿助焊劑，再將清洗乾淨的焊錫薄片放在基材上。

㈢分別將沾滿助焊劑試片放入真空紅外線加熱爐中，進行加熱過程，其加熱溫度設定為焊錫熔點以上，在焊錫熔融狀態直接拍攝照片以便量測潤濕角。

六、問題討論

㈠為何在量測潤濕角之前，基材須先進行表面處理。

㈡一般軟焊須使用助焊劑，目的何在？對潤濕性量測有何影響？

㈢比較四組試片所得的接觸角，並加以說明濕潤性與填料接合強度之關係。

㈣除了接觸角量測可分析填料，一般電子業界常採用潤濕天平法，試比較之。

㈤在圖12-1潤濕液滴的各不同界面表面張力，其中垂直方向並不平衡，亦即只有向上拉的分量（γ sl ein θ），而無向下平衡力，是否合理？

㈥本實驗在加熱熔融狀態量測接觸角，如果冷卻液滴凝固後再量測，結果是否會改變？

㈦潤濕性試驗之環境氣氛是否會影響接觸角量測結果？

㈧圖12-2之四種潤濕狀態在潤濕天平分析時，結果有何不同？

國家圖書館出版品預行編目資料

材料分析與檢測實驗／莊東漢 著.
— 初版. — 臺北市：五南，2006[民 95]
面； 公分
ISBN 978-957-11-4376-7（平裝）
1.定性分析 - 實驗
342.034 95011312

5E36

Experiments for Materials Analyses and Testings

材料分析與檢測實驗

作　　者 — 莊東漢（231.6）
發 行 人 — 楊榮川
總 編 輯 — 王翠華
主　　編 — 王者香
責任編輯 — 陳玉卿
文字編輯 — 施榮華
封面設計 — 杜柏宏
發 行 者 — 五南圖書出版股份有限公司
地　　址：106 台北市大安區和平東路二段 339 號 4 樓
電　　話：(02)2705-5066　傳　　真：(02)2706-6100
網　　址：http://www.wunan.com.tw
電子郵件：wunan@wunan.com.tw
劃撥帳號：01068953
戶　　名：五南圖書出版股份有限公司

法律顧問　林勝安律師事務所　林勝安律師

出版日期　2006 年 8 月初版一刷
　　　　　2017 年 3 月初版三刷
定　　價　新臺幣 200 元